激光表面改性技术及其应用

内 容 简 介

本书总结提炼作者几十年的激光表面改性研究成果。全书共13章,分别系统介绍了激光表面改性基础理论、专用成套设备、激光相变硬化、激光重熔强化、激光合金强化、激光熔覆、纳米结构表面改性、激光与化学复合镀制备纳米结构表面改性、激光化学反应原位合成 TiC 涂层、激光冲击硬化、激光非晶化表面改性、有色金属激光表面改性以及激光安全操作与防护。

本书可供从事机械工程、激光技术、国防军事和装备制造等领域的科技工作者研究参考,可作为高等院校学生教学参考书,也可供机械工程、光学工程、装备制造领域的技术人员、大专院校师生以及与其有关的技术工人阅读和参考。

图书在版编目(CIP)数据

激光表面改性技术及其应用 / 姚建华编著. —北京:国防工业出版社,2022.2 重印
 ISBN 978 – 7 – 118 – 07801 – 5

Ⅰ. ①激… Ⅱ. ①姚… Ⅲ. ①激光应用 – 金属表面处理 Ⅳ. ①TG178

中国版本图书馆 CIP 数据核字(2012)第 001464 号

※

国防工业出版社 出版发行

(北京市海淀区紫竹院南路23 号 邮政编码100048)
北京凌奇印刷有限责任公司印刷
新华书店经售

*

开本 710×960 1/16 印张 16½ 字数 287 千字
2022 年 2 月第 1 版第 2 次印刷 印数 3001—3500 册 定价 58.00 元

*

(本书如有印装错误,我社负责调换)

国防书店:(010)88540777 发行邮购:(010)88540776
发行传真:(010)88540755 发行业务:(010)88540717

序

激光表面改性技术及其应用

激光表面改性技术是一种先进的表面工程技术，随着我国制造业快速发展，该技术的应用越来越广泛，为我国装备制造业关键部件的性能提升发挥着越来越重要的作用。

姚建华教授多年一直专注于激光表面改性技术的研究与实践，并取得了显著的成效。该书主体内容来自作者多年的教学科研和工程实践，汇聚了作者多年研究结果、图片和实例，对作者多年来在激光表面改性领域获得的成果进行了系统梳理和提炼，尤其是在激光与纳米复合涂层技术等其他表面改性技术复合的工艺理论与应用方面，具有较大的突破。

该书内容具有重要学术价值和实践参考价值，进一步丰富了我国的表面工程理论和应用技术，不仅对我国工业制造领域应用具有实际参考价值，而且，许多技术成果也可以在我国国防装备上应用，对提升国防装备关键部件性能有着重要的现实意义。

徐滨士

装甲兵工程学院教授、中国工程院院士

前 言

我国有数万亿元的装备在服役之中,每年因其关键零部件腐蚀、磨损、使设备停产、报废造成的损失占国民经济总产值的 3%~5%。激光表面改性技术在工业生产中易损易耗零部件的强化与制造方面发挥了重要作用。我国经过了几个五年国家科技攻关计划,使该技术已在多个领域得到了应用。尤其近十几年来,随着我国制造业的崛起和发展,激光表面改性技术的市场越来越广泛,技术成熟程度和成果显然比十几年前有着突飞猛进的进步,被公认为是表面工程中的先进技术之一,也是未来工业应用潜力最大的先进技术之一。因此,有必要予以总结,以便指导推广应用。

本书是我 20 多年来从事激光表面改性理论研究和实践应用工作成果的总结与提炼。从 1987 年开始进入该领域的学习和研究,值得庆幸的是一直未有间断,本书内容汇聚了我和我的团队长期的理论与实践经验,大部分参考文献来自我的研究论文或指导的学位论文。本书重视理论与实践应用的结合,首先在自身研究基础上,引用了国内外该领域成熟的基本理论和观点;其次,结合自身的实践,重点阐述了该领域内有着广阔发展前景、广泛应用价值以及国防工业现代化所需的新材料、新工艺及新技术,如纳米结构表面改性技术和激光复合表面改性技术等,书中所列的应用实例均是已经或正在投入批量生产的工业产品或服役中的机械装备;然后再将实践经验升华到理论以利于进一步指导实践。力争在上述几个方面形成自身的特点。

本书主要内容包含三个部分：第一，简述了激光的特性、激光表面改性的内涵及其在发展循环经济、建设节约型社会中的作用以及激光表面改性技术的国内外发展现状与展望；第二，系统阐述了激光表面改性多个关键技术、工艺及应用案例；第三，介绍了激光表面改性成套设备的类型、特性和选择原则，便于用户选用。目的是为有志进入本领域开拓的科研工作者、教师、学生和广大技术人员提供参考。

作为科研探索，激光熔覆层缺陷是制约激光表面改性技术进一步推广应用的瓶颈和研究难点，本书对激光熔覆层缺陷抑制方法和专用材料研究的前沿课题，作了较全面的总结，提出了若干技术难点，以望能给广大科研工作者参考的同时，尽快予以突破。

本书的撰写得到了我的导师苏宝蓉研究员的悉心指点，她为此书倾注了大量的精力和时间，她作为我国激光加工表面改性技术研究的开创者之一，身体力行，不仅对激光表面改性技术研究与应用投入了自己毕生的精力，为我国激光加工技术发展做出了重要贡献；而且，她孜孜不倦的学术追求和严谨求实的治学风格，已成为我们这一代德高望重的楷模，本书内容是在她研究基础上进一步扩展的结果。另外，本书成果也是我的团队成员共同努力的结晶，感谢楼程华、张群莉、胡晓冬、孔凡志、陈智君等教师及我的学生们对本书做出的贡献。为了系统完整性，本书也引用了国内外同行专家发表论文或专著的部分内容，在此一并表示衷心的感谢。

由于作者水平有限，时间仓促，书中难免有欠缺和不足，恳请广大读者予以批评指正。

编者

2011.10

目 录

第 1 章 概述 ... 1

1.1 激光表面改性技术基础 ... 1
- 1.1.1 激光产生机理 ... 1
- 1.1.2 激光的特性与模式 ... 4
- 1.1.3 激光与材料相互作用的物理基础 ... 7
- 1.1.4 金属材料对激光的吸收 ... 12

1.2 激光表面改性主要技术内容与特点 ... 21
- 1.2.1 激光表面改性技术内容 ... 21
- 1.2.2 激光表面改性技术特点 ... 23

1.3 激光表面改性技术的内涵及作用 ... 24
- 1.3.1 激光表面改性技术的内涵 ... 24
- 1.3.2 激光表面改性技术在发展循环经济、建设节约型社会中的作用 ... 25

1.4 激光表面改性技术国内外发展现状与展望 ... 25
- 1.4.1 激光表面改性技术国外发展现状 ... 25
- 1.4.2 激光表面改性技术国内发展现状 ... 27

1.4.3　激光表面改性技术存在的问题与前景展望　29
参考文献　30

第2章　激光表面改性成套设备　32

2.1　激光器的类型、特点与选用原则　32
　　2.1.1　气体激光器　32
　　2.1.2　掺钕钇铝石榴石(Nd:YAG)激光器　34
　　2.1.3　准分子激光器　35
　　2.1.4　半导体激光器　36
　　2.1.5　光纤激光器　37
　　2.1.6　激光器选用原则　38
2.2　导光聚焦系统　39
　　2.2.1　激光传输与变换设计　40
　　2.2.2　光束聚焦系统　41
2.3　喂料系统　44
　　2.3.1　自动送粉系统　45
　　2.3.2　自动送丝系统　53
2.4　激光表面改性质量监控系统　55
　　2.4.1　温度检测与反馈控制系统　55
　　2.4.2　激光表面改性成套设备在线质量控制与集成　55
参考文献　58

第3章　激光相变硬化表面改性技术与应用　60

3.1　激光相变硬化表面改性工艺及特性　60
　　3.1.1　激光相变硬化表面改性工艺　60
　　3.1.2　激光相变硬化表面改性技术特性　65

3.2　激光相变硬化机理 66
3.3　激光表面固溶强化 66
　　3.3.1　激光固溶强化机理 66
　　3.3.2　激光表面固溶强化工艺及特性 68
3.4　激光相变硬化的计算机模拟 69
　　3.4.1　激光相变硬化的计算机模拟 69
　　3.4.2　人工神经网络在激光相变硬化中的应用 69
3.5　激光相变硬化专家系统 70
　　3.5.1　专家系统基本结构 70
　　3.5.2　专家系统正向推理的设计与使用实例 70
　　3.5.3　专家系统逆向推理的设计与使用实例 71
　　3.5.4　专家系统的集成 73
3.6　激光相变硬化工业应用 74
　　3.6.1　可进行激光相变硬化的工件分类 74
　　3.6.2　激光相变硬化工业应用实例 75
参考文献 85

第4章　激光重熔强化表面改性技术与应用　　87

4.1　激光表面重熔强化工艺及特性 87
　　4.1.1　激光重熔强化工艺 87
　　4.1.2　激光重熔强化表面改性技术特性 88
4.2　激光表面重熔强化机理 89
　　4.2.1　温度梯度对界面稳定性的影响 89
　　4.2.2　浓度梯度对界面稳定性的影响 89
　　4.2.3　界面能对界面稳定性的影响 90
　　4.2.4　界面稳定性与晶体生长形态的关系 90
4.3　激光重熔强化表面改性工业应用 91

4.3.1 冶金工业冷轧辊激光毛化表面改性的应用 91

4.3.2 冶金工业热轧辊激光重熔强化表面改性的应用 94

4.3.3 65Mn 钢金刚石锯片基体激光表面重熔强化的应用 95

参考文献 96

第5章 激光合金强化表面改性技术与应用 98

5.1 激光合金化工艺与特性 98

5.1.1 激光合金化工艺 98

5.1.2 激光合金化特性 99

5.2 激光合金化机理 99

5.3 激光合金化合金成分的设计 100

5.4 激光合金强化表面改性技术应用实例 102

5.4.1 不锈钢刀具刃口激光合金化技术的应用 102

5.4.2 汽轮机叶片激光合金化表面改性技术的应用 103

5.4.3 螺杆激光表面合金化技术的应用 106

5.4.4 塑料刀片激光合金化替代焊接 109

参考文献 111

第6章 激光熔覆表面改性技术与应用 112

6.1 激光表面熔覆工艺及特性 112

6.1.1 激光熔覆工艺技术 112

6.1.2 激光熔覆特性 113

6.2 激光熔覆表面改性技术的机理 114

6.3 激光熔覆表面改性的专用材料 114

6.3.1 激光熔覆专用合金粉 114

  6.3.2 激光熔覆专用药芯合金丝 　　121
 6.4 激光熔覆工艺参数对熔覆层形状及稀释率的影响 　　126
  6.4.1 对熔覆层形状的影响 　　126
  6.4.2 激光工艺参数对稀释率的影响 　　128
 6.5 激光熔覆层裂纹、气孔的产生与控制 　　130
  6.5.1 激光熔覆层应力状态 　　130
  6.5.2 激光熔覆层裂纹的产生与控制 　　134
  6.5.3 激光熔覆层气孔的产生与控制 　　139
 6.6 激光熔覆表面改性工业应用实例 　　140
  6.6.1 激光三维熔覆大型超临界汽轮机叶片替代传统的镶嵌工艺 　　140
  6.6.2 激光三维熔覆注塑（橡）机螺杆替代进口双金属螺杆 　　142
  6.6.3 激光熔覆技术在石化系统的碱过滤器中的应用 　　146
  6.6.4 用专用药芯合金丝激光熔覆大型汽车模具及卧螺离心机叶片 　　149
参考文献 　　152

第7章 激光熔覆法制备纳米结构表面改性涂层技术与应用　　153

 7.1 纳米结构涂层概述 　　153
  7.1.1 纳米结构涂层制备方法 　　154
  7.1.2 激光纳米涂层的特性 　　154
 7.2 激光熔覆制备纳米结构涂层的工艺技术 　　155
  7.2.1 纳米材料的预置工艺技术 　　155
  7.2.2 激光熔覆纳米涂层的工艺技术 　　156
 7.3 预置法制备纳米 $Al_2O_3/Ni/CNT$ 复合涂层 　　157

  7.3.1 制备方法 ... 157
  7.3.2 纳米 Al_2O_3 含量对组织、性能的影响 ... 158
  7.3.3 工艺参数对涂层组织、性能的影响 ... 160
  7.3.4 纳米材料的复合对涂层组织、性能的影响 ... 161
  7.3.5 形成机理分析 ... 163
 7.4 预置法制备纳米碳化钨涂层 ... 164
  7.4.1 制备方法 ... 164
  7.4.2 激光扫描后的组织转变及分析 ... 165
  7.4.3 表层性能分析 ... 168
  7.4.4 强化机理分析 ... 170
 7.5 纳米碳管涂层的组织与性能 ... 171
  7.5.1 表面碳化层组织结构及其转变机理 ... 172
  7.5.2 表面碳化层的硬度分析 ... 175
  7.5.3 磨损性能 ... 176
 7.6 激光制备纳米结构涂层工业应用实例 ... 177
 参考文献 ... 179

第8章 激光与化学复合镀制备纳米结构表面改性涂层技术与应用   180

 8.1 激光与化学镀复合制备纳米结构涂层工艺与设备 ... 180
  8.1.1 激光与化学镀复合的晶态转变纳米结构涂层 ... 180
  8.1.2 激光与化学镀复合制备金属间化合物的纳米结构涂层 ... 181
 8.2 激光与化学镀复合纳米涂层的组织形貌 ... 182
  8.2.1 镀层的组织形貌 ... 182
  8.2.2 激光熔覆后复合镀层的微观组织形貌及其形成原因 ... 184

8.3　激光与化学复合镀复合涂层的性能　190

8.4　纳米 Al_2O_3 镀层复合强化机理　193

参考文献　195

第9章　激光化学反应原位合成 TiC 涂层的工艺技术　197

9.1　激光化学反应原位合成 TiC 涂层的制备工艺与设备　197

 9.1.1　反应粉体的制备工艺与设备　197

 9.1.2　预置层的激光强化处理工艺与设备　199

9.2　激光化学反应合成 TiC 涂层组织形貌与形成机理　199

 9.2.1　微观组织分析　199

 9.2.2　碳化钛原位合成机理分析　202

9.3　激光化学反应合成 TiC 涂层的性能　204

9.4　激光制备 TiC 复合涂层的其他方法　206

 9.4.1　直接加入 TiC 颗粒法　206

 9.4.2　激光辅助自蔓延合成法　206

 9.4.3　预置 C 源原位合成法　206

 9.4.4　激光辅助铝热还原法　207

9.5　原位化学合成的扩展反应　207

参考文献　207

第10章　激光冲击硬化表面改性技术与应用　209

10.1　激光冲击硬化工艺及特性　209

 10.1.1　激光冲击硬化工艺　209

 10.1.2　激光冲击硬化特性　210

10.2　激光冲击硬化的机理　212

10.3　激光冲击硬化的工业应用　213

参考文献　215

第11章　激光非晶化表面改性技术与应用　216

11.1　激光非晶化工艺及特性　216
    11.1.1　激光制备非晶层的工艺方法　217
    11.1.2　激光非晶化特性　219

11.2　激光非晶化机理　220

11.3　激光非晶化工业应用实例　221

参考文献　222

第12章　有色金属激光表面改性技术与应用　223

12.1　铝合金激光表面改性技术　223
    12.1.1　铝合金特性　223
    12.1.2　铝合金激光重熔强化改性技术　224
    12.1.3　铝合金激光合金化表面改性技术　224
    12.1.4　铝合金激光熔覆表面改性技术　225
    12.1.5　铝合金激光表面改性技术的工业应用　226

12.2　镁合金激光表面改性技术　228
    12.2.1　镁合金激光表面重熔改性技术　228
    12.2.2　镁合金激光表面合金化改性技术　229
    12.2.3　镁合金激光表面熔覆改性技术　229

12.3　钛合金激光表面改性技术　230
    12.3.1　钛合金激光表面熔凝技术　230
    12.3.2　钛合金激光表面合金化技术　231

  12.3.3　钛合金激光表面熔覆技术　233
 12.4　铜及铜合金激光表面改性技术　237
 参考文献　238

第 13 章　激光安全操作与防护　241

 13.1　激光表面改性过程对人体的潜在危害　241
  13.1.1　对眼睛的危害　242
  13.1.2　对皮肤的危害　243
  13.1.3　电气对人体的危害　243
  13.1.4　有毒气体及粉尘的危害　243
 13.2　安全防护措施　244
  13.2.1　激光表面改性处理系统危害的工程控制　244
  13.2.2　个人防护　246
 13.3　激光安全管理　246
 参考文献　247

1 概述

1.1 激光表面改性技术基础

1.1.1 激光产生机理

原子是由带正电的原子核和核外一定数目的运动电子所组成的。电子可以在核外不同的分离轨道上绕原子核运动,这些在各个轨道上运动的电子与原子核共同确定了原子的能量(电子的动能和电子与核间的位能)。电子分布于离核最近的一些轨道时,原子的总能量最低,称原子处于基态;由于外界作用使电子重新分布于离核较远的外层轨道时,原子的总能量较高,称原子处于激发态(图1-1)。各种不同的能量状态称为能级,原子可能具有的总能量值不是连续分布的,而是一系列分立的数值,故其能级的分布也是分立的。

电子在核外的分布不是一成不变的,当原子受到外界能量作用时,电子的分布就会发生变化,原子的能量也随之变化。原子从一种能量状态变化到另一种能量状态的过程叫作跃迁。原子跃迁时的能量变化ΔE以光波的形式发射或

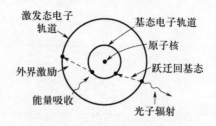

图 1-1 原子的结构和能量变化

吸收。

$$\Delta E = h\nu = hc/\lambda \qquad (1-1)$$

式中：c 为光速；λ 为波长；ν 为频率；h 为普朗克常数，$h = 6.62 \times 10^{-34} \text{J} \cdot \text{s}$。

原子的能级图表示原子所具有的各种能量状态和可能的跃迁变化（图 1-2）。同理，离子、分子等粒子也都有各自的能级图。

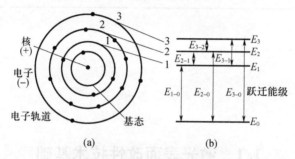

图 1-2 电子轨道与能级图
(a) 核和电子轨道；(b) 能级图。

原子总是趋向于回复到能量最小的基态，基态是一种稳定状态。处于激发态的粒子能量大，是很不稳定的，它可以不依赖于任何外界因素而自动地从高能级跳回低能级，并辐射出频率为 ν 的光波：

$$\nu = (E_2 - E_1)/h \qquad (1-2)$$

式中：E_2 为高能级能量；E_1 为低能级能量。

这一过程称为自发辐射（图 1-3(a)）。

自发辐射是普通光源的发光机理。由大量粒子组成的体系，其中各粒子的自发辐射是相互独立的，因而整个体系的自发辐射光的波长和相位是无规则分布的，其传播方向和偏振方向是随机的，自发辐射光是一种非相干光。

处于低能级 E_1 的粒子，在频率为 ν 的入射光（ν 满足式(1-2)）诱发下，吸收入射光的能量而跃迁到高能级 E_2 的过程称为受激吸收(图 1-3(b))。

处于高能级 E_2 的粒子,受到频率为 ν 的入射光的诱发,辐射出能量为 $h\nu$ 的光波而跃迁回低能级 E_1 的过程称为受激辐射(图 1-3(c))。由受激辐射产生的光同入射光一模一样,即它们具有完全相同的频率、相位、传播方向和偏振状态,因此受激辐射具有光放大作用。

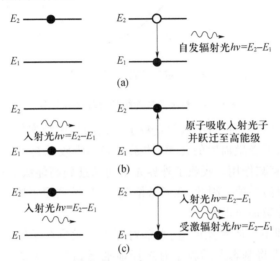

图 1-3 原子的自发辐射、受激吸收和受激辐射
(a) 自发辐射;(b) 受激吸收;(c) 受激辐射。

受激吸收和受激辐射概念是由爱因斯坦首先提出来的,是激光产生的理论基础。

应当指出,受激辐射与自发辐射是两种本质不同的物理过程。自发辐射的概率只与原子本身有关,而受激辐射的概率不仅与原子性质有关,还与入射光频率、光强等因素有关,而且它发出的光的性质也不相同,这便是激光区别于普通光源的根本原因。

通常情况下,物质体系处于热力学平衡状态,受激吸收和受激辐射同时存在,其吸收和辐射的总几率取决于高低能级上的粒子数。而平衡态下任意两个高低能级上的粒子数分布服从玻尔兹曼统计规律:

$$n_2/n_1 = e^{-(E_2-E_1)/kT} \tag{1-3}$$

式中:n_2、n_1 为高低能级上的粒子数;T 为平衡态时的绝对温度;k 为玻尔兹曼常数,$k=1.38\times10^{-23}\,\mathrm{J/℃}$;$E_2$、$E_1$ 为高低能级能量。

显然,高能级能量 E_2 大于低能级能量 E_1,即 $E_2 - E_1 > 0$,则总有 $n_2 < n_1$。因而在热平衡状态下,体系高能级上的粒子数恒少于低能级上的粒子数(图 1-4)。

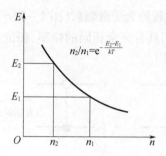

图 1-4 粒子数按能级的玻耳兹曼分布

所以,在平衡状态时,对于入射到粒子体系的相应频率的外界光,体系受激吸收的几率恒大于受激辐射的几率,体系对光的吸收总是大于发射,体系呈吸收状态,对光起衰减作用。吸收了外界光子而跃迁到高能级的粒子再以自发辐射的形式将能量消耗掉。因此,在通常情况下,只见到原子体系的光吸收现象,而看不到光的受激辐射现象。

激光器中利用气体辉光放电、光辐射等手段激励粒子体系,使其突破通常的热平衡状态,即将基态上的粒子有选择地抽运到某一个或几个高能级上去,使这些高能级上的粒子数大大增多,从而超过低能级,达到 $n_2 > n_1$,这种状态称为粒子数反转。此时,体系的受激辐射几率超过受激吸收几率,受激辐射占优势,对外界入射光的反应效果是总发射大于总吸收,体系具备放大作用,通过该体系的光将会得到放大,这时称体系已经被激活。因此,粒子数反转是实现激活和光放大的必要条件。由受激辐射增加的光的状态(频率、传播方向、偏振等)同入射光完全相同,这种放大又称相干放大,光强的放大率取决于粒子数的反转程度。

1.1.2 激光的特性与模式

激光有四大特性:高亮度、高方向性、高单色性和高相干性。这四大特性是激光与普通光源的本质区别,与激光表面改性技术有直接的关系,可以说,是由于激光的特性,才发展了激光表面改性技术及其应用。

1) 激光的高亮度

激光束也和其他光束一样,可以通过透镜或反射镜加以聚焦,经聚焦后,可以将激光的巨大能量聚焦到直径为光波波长量级的光斑上,形成极高的能量密度。

激光的亮度 B 定义为单位发光表面 S 沿给定方向上单位立体角 Ω 发出的光功率 P 的大小,即

$$B = \frac{P}{S\Omega}(\text{W/cm}^2 \cdot \text{sr}) \tag{1-4}$$

太阳光的亮度值约为 $2 \times 10^3 \text{W/cm}^2 \cdot \text{sr}$,而气体激光器的亮度值为 $10^8 \text{W/cm}^2 \cdot \text{sr}$,固体激光器的亮度更可高达 $10^{11} \text{W/cm}^2 \cdot \text{sr}$。这是由于激光器的发光截面 S 和立体发散角都很小,而其输出功率都很大的缘故。在实际使用中,激光沿给定方向上单位立体角是固定的,因此激光作用在工件表面单位面积的功率 P 即功率密度 P_m 作为激光表面改性重要工艺参数之一,即

$$P_m = \frac{P}{S}(\text{W/cm}^2) \tag{1-5}$$

该功率密度可通过调整聚焦后光斑大小和控制激光器输出功率达到可调、可控的目的。

2) 激光的高方向性

激光束的高方向性,表明其发散角小,是因为从谐振腔发出的只能是反射镜多次反射后无显著偏离谐振腔轴线的光波。由于不同激光器的工作物质和均匀性、光腔类型和腔长、激励方式以及激光器工作状态不同,其方向性也不同。一般气体激光器由于工作物质有良好均匀性,并且腔长较长,可以有极好的方向性,其发散角可达 10^{-3} rad 量级。当然,通过外光路系统的改进(如加望远镜系统),也可以改善其方向性。

光束的立体发散角为

$$\Omega \approx \left(2.44 \frac{\lambda}{D}\right)^2 \tag{1-6}$$

式中:λ 为波长;D 为光束截面直径。一般高功率激光器输出光束的发散角为毫拉德量级(mrad)。

激光的高方向性使其能在传递较长距离的同时,还能保证聚焦得到极高的功率密度,这两点都是激光表面改性技术的重要条件,尤其对大型工件或到现场进行表面改性处理是至关重要的。

3) 激光的高单色性

激光的高单色性,是由于激光谐振腔的反射镜具有波长选择性,并且利用原子固有能级跃迁的结果。激光是受激发射的,它的频率范围很窄,比普通光源(如氪灯)的频率范围要窄几个数量级。

单色性常用下式来表征:

$$\frac{\Delta \nu}{\nu} = \frac{\Delta \lambda}{\lambda} \tag{1-7}$$

式中:ν 和 λ 分别为辐射波的中心频率和波长;$\Delta \nu$、$\Delta \lambda$ 分别为谱线的线宽。

单色性最好的普通光源是氪灯,其 $\Delta \nu / \nu$ 值为 10^{-6} 量级。而稳频激光器输出的单色性 $\Delta \nu / \nu$ 可达 $10^{-13} \sim 10^{-10}$ 量级,比氪灯高几万至几千万倍。

由于激光的单色性极高,从而保证了光束能精确地聚焦到焦点上,得到很高的功率密度。

4) 激光的高相干性

相干性是区别激光与普通光源的重要特性,当两列振动方向相同、频率相同、相位固定的单色波叠加后,光的强度在叠加区不是均匀分布的,而是在一些地方有极大值,一些地方有极小值。这种在叠加区出现的光强分布呈稳定的强弱相间的现象称为光的干涉现象,即这两列光波具有相干性。在普通光源中,各发光中心是自发辐射,彼此相互独立,基本上没有相位关系,因此很难有恒定的相位差,即相干性很差;而激光是受激辐射占优势,再加上谐振腔的作用,各发光中心是相互密切联系的,在较长时间内有恒定的相位差,能形成稳定的干涉条纹,所以激光具有高相干性。

相干性主要描述光波各个部分的相位关系。其中,空间相干性 $S_{相干}$ 描述垂直光束传播方向的平面上各点之间的相位关系;时间相干性 $\Delta t_{相干}$ 则描述沿光束传播方向上各点的相位关系。相干性完全是由光波场本身的空间分布(发散角)特性和频谱分布特性(单色性)所决定的,从而对光束的聚焦性能有重要影响。

激光热处理时,一般都希望激光作用区的温度均匀,也就是激光 26 年密度均匀分布,以便得到均匀的组织和性质。因而与激光空间分布特性有关的激光模式和发散角特性及聚焦特性就显得尤其重要。

激光是一定波长的电磁波,任何激光器都是将激光(场)限制在由两个反射镜组成的空间有限的边界范围内,即电磁场只能存在于一系列分立的特定的本征状态之中(这也是一切波的普遍特性)。电磁场的每一个本征状态都具有一定的振荡频率和一定的空间分布。这种光学谐振腔内可能存在的电磁场的本征状态称为模式(波型)。通常将激光在空间的分布分解为沿传播方向的分布(称为纵模)和垂直于传播方向的横截面的分布(称为横模)。常用 TEM 表示不同横模的光场分布,m、n 取正整数,m、n 数值小的横模称为低阶模。图 1-5 分别以不同形式说明横模的光强分布。

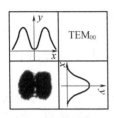
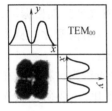
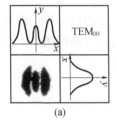
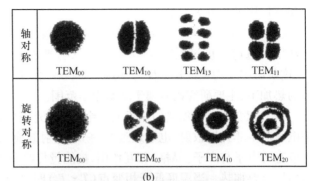
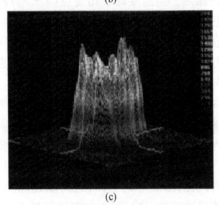

图 1-5 激光横模的光强分布特征

(a) 轴对称模式光强分布;(b) 轴对称和旋转对称模式光强分布;(c) 多模光斑光强分布。

TEM_{00} 模称为基模,它的发散角最小,能量最集中,能聚焦成极高的功率密度,在激光焊接、切割加工中最为有利。其他 m、n 值较大的模称为高阶模。TEM_{01} 为环形模,光场呈环状,中心场强为零,环形模的发散角比较小,有些高功率 CO_2 激光器输出环形模。高阶模的光斑半径大,发散角也大,能量不集中,不利于激光切割或焊接。

模式为基模(TEM_{00})的激光用于激光热处理时,可能出现激光作用区中心温度过高以至熔化,而边缘温度过低尚未形成奥氏体的情况。因此,激光热处理采用多模激光较为合适。对于形状复杂、激光作用区不是平面的制品,激光热处理时应充分考虑激光的聚焦特性。

1.1.3 激光与材料相互作用的物理基础

目前,激光加工用激光多处于红外波段(如 CO_2 激光——10.6μm,YAG 激光——1.06μm)。根据材料吸收激光能量而产生的温度升高,可以把激光与材料相互作用过程分为如下几个阶段。

(1) 无热或基本光学阶段。从微观上来说,激光是高简并度的光子,当它的功率(能量)密度过低时,绝大部分的入射光子被材料(金属)中电子弹性散射,这阶段主要物理过程为反射、透射和吸收。由于吸收热量甚低,不能用于一般的热加工,主要研究内容属于基本光学范围。

(2) 相变点以下加热($T<T_s$)。当入射激光强度提高时,入射光子与金属中电子产生非弹性散射,电子通过"逆韧致辐射效应",从光子获取能量。处于受激态的电子与声子(晶格)相互作用,把能量传给声子,激发强烈的晶格振动,从而使材料加热。当温度低于相变点($T<T_s$)时,材料不发生结构变化。从宏观上看,这个阶段激光与材料相互作用的主要物理过程是传热。

(3) 在相变点以上但低于熔点加热($T_s<T<T_m$)。这个阶段为材料固态相变,存在传热和质量传递物理过程。主要工艺为激光相变硬化,主要研究激光工艺参数与材料特性对硬化的影响。

(4) 在熔点以上,但低于汽化点加热($T_m<T<T_v$)。激光使材料熔化,形成熔池。熔池外主要是传热,熔池内存在三种物理过程:传热、对流和传质。主要工艺为激光熔凝处理、激光熔覆、激光合金化和激光传导焊接。

(5) 汽化点以上加热($T>T_v$)材料表面发生汽化,进而产生等离子体现象。激光使材料汽化,形成等离子体,这在激光深熔焊接中是经常见到的现象。利用等离子体反冲效应,还可以对材料进行冲击硬化。

当激光直接作用在金属材料表面时,根据不同能量的载能束的作用特征,可以产生热作用、力作用和光作用。

1) 热作用

在激光与金属材料交互作用过程中,一般不考虑材料表面对激光的折射。当一束激光与金属材料相互作用时,一部分光被金属表面反射,而其余部分进入金属表层并被吸收。事实上,激光光子的能量向固体金属的传输或迁移的过程就是固体金属对激光光子的吸收和被加热的过程。由于激光光子的吸收而产生的热效应即为激光的热作用。

对于固体金属而言,其晶体点阵是由金属键结合而成的。当激光光子入射到金属晶体上,且入射激光的强度不超过一定阈值,即不完全破坏金属晶体结构时,入射到金属晶体中的激光光子将与公有化电子发生非弹性碰撞,使光子被电子吸收。

由于激光束的同一状态光子数高达10^{17},即在一个量子状态里有10^{17}个光子。所以事实上,一个原子受到了众多的光子作用。对于大多数金属来说,金属直接吸收光子的深度都小于 0.1μm。吸收了光子处于高能级状态的电子强化了晶格的热振荡,使金属表层温度迅速增加,并以此热量向材料表面下方传热,这就完成了光的吸收及其转换为热,并向内部传输的过程。对于光子的吸收及其转换为热过程在 10^{-11}s ~ 10^{-10}s 的时间内完成,而热向基体内部的传输或传导时间取决于激光与金属的交互作用时间的长短,为 10^{-3}s ~ 10^{0}s。

在激光与金属材料交互作用的热作用类型中,吸收光子过程是非常重要的,而材料对激光的吸收效率取决于材料本身对光的吸收率和激光光子的波长。材料的吸收率与激光的波长有直接的对应关系。一般而言,激光的波长越短,材料的吸收率越高。

2) 力作用

在激光的热作用中,讨论了金属材料表面吸收激光光子后,光能转换成热能,并向表面深处传输的问题。而激光的力作用则是讨论金属材料表面吸收光子,光能转换成热能,由于激光的作用时间极其短暂,热来不及向材料表面深处传输,则使吸收光子的表面区域的温度急剧增高以致形成蒸气导致产生反冲压力波的问题。

当作用在金属材料表面的激光功率密度超过一定阈值,且激光的作用时间低于某一临界值之后,由于表面吸收光子层被瞬间(10^{-10}s ~ 10^{-7}s)加热到其沸点以上,而激光的作用时间仅 10^{-10}s ~ 10^{-8}s,则光能转化成的热能没有时间向其基体传递,于是该层产生爆炸汽化。来自蒸气强烈喷出的反冲以及随后的激光把该蒸气加热成稠密的等离子体,可以产生反冲压力波。该压力波可以改变材料表层的显微亚结构,例如增大材料受辐射区内的位错密度。利用这种压力波可以在某些金属材料,特别是 Al 及其合金上实施冲击硬化。不过应当注意,激光的力作用的深度尺寸远小于激光的热作用的尺度。

这种热膨胀产生的压力是很大的,如激光脉冲能量密度为 $1J/cm^2$,激光脉宽为 50ns 时,钢铁材料上的这种热膨胀应力值可以达到 5MPa;又如激光功率密度为 $10^9 W/cm^2$,激光脉宽为 20ns ~ 100ns 时,在 Al 合金上的冲击压力可以达到 8GPa。表 1-1 给出了激光功率密度与激光光压间的关系。

表 1-1 激光功率密度与激光光压

激光功率密度 /(W/cm^2)	10^1	10^3	10^6	10^9	10^{12}	10^{15}
激光光压/MPa	3.29×10^{-11}	3.29×10^{-8}	3.29×10^{-5}	3.29×10^{-2}	3.29×10^1	3.29×10^4

激光的力作用在材料表面产生的金属学效应主要包括对位错的影响和对材料的破坏。当激光的力作用的应力幅值大于 $10^4 Pa$ 时,它足以使金属表面产

生强烈的塑性变形,使激光辐射区的亚显微组织呈现位错的缠结网络组态,且位错密度增大。这有些类似于经爆炸冲击或高速平面冲击的材料中的亚结构特征。利用短脉冲激光产生的力作用还可研究材料中位错的运动速率和位错运动的响应时间。

3)光作用

在前面已讨论了激光的热作用和力作用,这些作用来自激光光子与金属原子间的直接作用。激光与金属材料的交互作用也可以通过光作用而实现。不过这里应当注意,这种光作用是一种间接的作用。

当激光与各种气体物质交互作用时,在一定条件下,可以生成各种金属及其化合物的特殊材料,如薄膜材料、超微粒材料、纳米材料等。激光的光作用是指某种气体吸收激光光子后,当激光光子的能量大于形成气体的原子键能时,光子可以直接切割化合键,从而使气体发生光反应形成新的特定物质。这类光反应主要包括光化学反应机制和光热化学反应机制两大类。光化学反应是反应气体吸收激光光子后导致光分解和光离解,这类反应通常要求激光光子具有较高的能量,如准分子激光类,其单位光子的能量为 $3.5\mathrm{eV}\sim6.5\mathrm{eV}$,可直接击断气体的化学键,而光热化学反应是反应气体吸收激光光子后导致分子热振动加剧而分解或多光子同时吸收使反应气体热解,这类反应对激光光子的能量要求较低,一般光子能量在 $1\mathrm{eV}$ 即可,用红外激光光源就可以进行反应。

激光的光作用主要包括激光光子与均匀气相的光反应和激光光子与吸附于基体表面上的一薄层反应气相的光反应。目前用激光光作用制备的金属材料主要有 W、Au、Cd、Al、Fe、Cu 及其合金和化合物等。不过激光光化学反应主要用来制备特殊的非金属材料和无机材料,如金刚石薄膜、类金刚石薄膜、Si、$\alpha - \mathrm{Si}:\mathrm{H}$。

在激光作用下,材料表面将吸收载能粒子。一旦外来能量被吸收,它将立即转换成热能,这将导致激光作用区内的金属被加热升温,物质状态变化取决于激光的束流特性和能量,以及作用时间,同时也取决于材料的特性,如相变点、熔点、沸点、比热容、热导率、密度等,材料将发生与其温度相对应的物质状态变化。

在激光照射下,材料温度升高幅度显然取决于材料对高能束的吸收能量份额以及材料的热学性质。一般而言,激光加热材料时将有如下规律。

(1)在相同的能束作用时间的条件下,吸收的能量份额越大,材料的升温速度越快。

(2)在相同的吸收能量值的条件下,材料的比热容越小,能束作用区的材料的温升越高。

（3）在相同的能量密度和作用时间的条件下，材料的热导率越小，激光作用区与基体材料相邻部位之间的温度梯度越大。

如图1-6所示，当激光加热材料的温度低于其熔点时，首先发生材料的固态加热现象。对于钢铁材料和其他具有固态相变的金属和合金而言，如激光的加热温度超过材料的相变点，则将发生固态相变。如钢铁材料将形成奥氏体，并在高能束停止照射之后，通过冷基体的自冷效应而实现淬火硬化。当激光的加热温度超过材料的熔点，材料处于液态，形成表面熔化层，在表面熔化层与基体相邻部位则是固态加热区。当温度继续升高，即吸收的热量达到和超过材料的汽化潜热时，在表面熔化层上空将形成稀薄的气体。若热量达到和超过升华潜热，则促使材料由固态直接转变为气态，此刻在材料表面不存在熔化层。当激光的强度达到和超过击穿气体的阈值时，将形成等离子体。由于等离子体是一种带电粒子（电子、正离子）和不带电粒子（气体原子、受激原子、亚稳原子）的集合体，因此它将大量吸收载能束粒子，例如光子，进而起到一种屏蔽作用，将使输入到材料表面的能束功率的有效利用率下降。

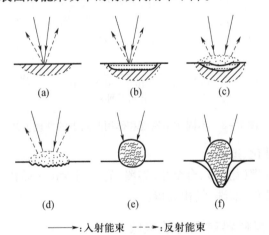

────▶：入射能束　---▶：反射能束

图1-6　材料在激光作用下的物态变化
（a）加热；（b）表层熔化；（c）表层熔化、汽化；
（d）升华汽化；（e）形成等离子体；（f）小孔效应。

根据激光作用的能量密度不同，造成表面迅速加热、熔化及汽化，引申出处理方法的不同，如图1-7、图1-8所示。三种加热状态下的表面改性方法分别如下。

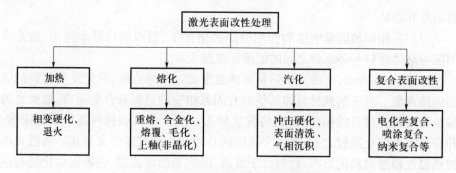

图1-7 金属表面激光处理分类

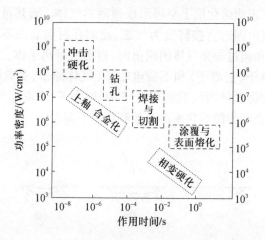

图1-8 不同功率密度和作用时间下的处理方法

加热：相变硬化、退火。
熔化：重熔处理（熔凝）、合金化、熔覆、毛化、上釉（非晶化）处理等。
汽化：冲击硬化、清洗、气相沉积。

1.1.4 金属材料对激光的吸收

激光与金属材料交互作用所引发的能量传递与转换，以及材料化学成分和物理特征的变化是认识各种激光热处理方法的基础。

研究激光与材料相互作用过程中的能量传递与转换是为了说明激光热处理时，激光将光能传递给材料及其转化为热能的机理。显然，激光照射金属材料时，其能量转化仍要遵守能量守恒法则，即

$$E_0 = E_{反射} + E_{吸收} + E_{透过} \tag{1-8}$$

式中:E_0 为入射到材料表面的激光能量;$E_{入射}$ 为被材料表面反射的能量份额;$E_{吸收}$ 为被材料表面吸收的能量份额;$E_{透过}$ 为激光透过材料后的能量份额。

金属材料对激光而言,是束流不能穿透的材料,其 $E_{透过}=0$。将式(1-8)分别除以 E_0,则金属材料的能量转化式为

$$1 = E_{反射}/E_0 + E_{吸收}/E_0 = R + A \quad (1-9)$$

式中:R 为金属材料对激光的反射率;A 为金属材料对激光的吸收率。激光粒子照射金属材料时,其入射能量 E_0 最终分解为两部分:一部分被金属表面反射掉;另一部分则被金属表面所吸收。当金属表面吸收了外来能量后,将形成晶格点阵结点原子的激活,进而使光能(激光束)或电能(电子束和离子束)转换成热能,并向表层内部进行热传导和热扩散,以完成表面加热过程。对于激光束的反射率可达 0.95,这意味着入射能量的 95% 将被反射掉。

在一般条件下,光洁的金属表面对激光束的直接吸收效率甚差。如何有效地提高金属材料表面对激光的吸收率是激光热处理中的一个重要问题。下面就其有关的基础问题给予简介。

当激光照射金属材料时,其能量分解为两部分:一部分被金属反射;另一部分被金属吸收。对于各向同性的均匀物质来说,强度为 I 的入射激光通过厚度为 dx 的薄层后,其激光强度的相对减少量为 dI/I。dI/I 与吸收层厚度 dx 成正比:$dI/I \propto dx$,即

$$dI/I = Adx \quad (1-10)$$

设入射到表面的激光强度为 I_0,将式(1-10)从 0 到 x 积分,即可求得激光入射到距表面为 x 处的激光强度 I:

$$I = I_0 e^{-Ax} \quad (1-11)$$

上式说明随激光入射到材料内部深度的增加,激光强度将以几何级数减弱;激光通过厚度为 $1/A$ 的物质后,其强度减少到 $1/e$。这表明材料吸收激光的能力取决于吸收系数 A 的数值,A 值除取决于不同材料的特性外,还与激光的波长、材料的温度和表面状态等有关。

在激光热处理中,金属材料作为主要的加工对象,它的激光吸收率大小就显得尤为重要。由菲涅耳公式可知光波在金属导体表面上的电场总是形成驻波波节,自由电子受到光波电磁场的强迫振动而产生次波,这些次波造成了强烈的反射波,反射了绝大部分的激光。特别是在长波段下,光子能量较低,主要只能对金属中的自由电子起作用,几乎是全反射的,只有少量的吸收,然而这少量的吸收在激光热处理中显得特别重要。在实际激光热处理过程中,要测试金属不透明材料的光学吸收率是一项比较麻烦的工作。本节研究了影响材料吸

收率的各种因素,并改进了金属材料激光吸收率模型,以便在激光热处理时利用该吸收率模型对材料的吸收率进行预测,指导激光工艺参数的选择。激光照射到金属材料表面时,首先由于金属的自由电子过多而反射了绝大部分的激光,只有小部分得以透过表面而被金属吸收。另一方面,当大部分激光由于自由电子而被反射的同时,还有一小部分被金属内的束缚电子、激子、晶格振动等振子吸收,因此当激光照射到金属材料表面时被吸收的激光就可以分为两个部分。

1) 透过金属表面自由电子层的激光吸收

由于激光器内损耗了光子在垂直方向上的偏振分量,因此可以只考虑激光的平行偏振分量,由菲涅耳公式可知,在金属表面激光平行偏振分量的反射率为

$$R = \left| \frac{E'_\parallel}{E_\parallel} \right|^2 = \left| \frac{\left(\mathrm{i}\frac{\sigma}{\omega\varepsilon_1}\right)^{\frac{1}{2}} \cos\varphi_1 - 1}{\left(\mathrm{i}\frac{\sigma}{\omega\varepsilon_1}\right)^{\frac{1}{2}} \cos\varphi_1 + 1} \right|^2 \qquad (1-12)$$

式中:$E_\parallel$、$E'_\parallel$ 分别为入射光、反射光在平行偏振分量上能量;σ 为材料电导率;φ_1 为激光入射角;ω 为激光的角频率;ε_1 为金属的电导率。由于金属材料中 $\frac{\sigma}{\omega\varepsilon_1} \gg 1$,可忽略激光入射角变化对反射率的影响,因此,激光入射角对金属材料的激光反射率影响非常小,可认为反射率与入射角无关。

在激光热处理过程中,激光基本上是从空气中入射的,由于 R 与角度无关,则可假设激光为正入射,$\cos\varphi_1 = 1$,则

$$R = \left| \frac{\left(\mathrm{i}\frac{\sigma}{\omega\varepsilon_1}\right)^{\frac{1}{2}} - 1}{\left(\mathrm{i}\frac{\sigma}{\omega\varepsilon_1}\right)^{\frac{1}{2}} + 1} \right|^2 = \left| 1 - \frac{2}{\sqrt{\mathrm{i}\frac{\sigma}{\omega\varepsilon_1}} + 1} \right|^2$$

$$\approx \left| 1 - \frac{2}{\sqrt{\mathrm{i}\frac{\sigma}{\omega\varepsilon_0}}} \right|^2 = \left| 1 - 2\sqrt{\frac{\omega\varepsilon_0}{\sigma}} \mathrm{e}^{-\mathrm{i}\frac{\pi}{4}} \right|^2$$

$$\approx 1 - 2\sqrt{\frac{2\omega\varepsilon_0}{\sigma}} \approx 1 - (T + A') \qquad (1-13)$$

式中:T 为光透射率;A' 为光吸收率;ε_0 为空气的电导率。由于当前在激光热处理行业中波长为 $10.6\mu m$ 的 CO_2 激光器仍占主要地位,金属表面自由电子的固有频率远远大于该波段的激光频率,大部分激光能量被表面自由电子反射或者

吸收转化为振动热能,因此透射率极低,并且透射光在表层即被吸收,吸收长度仅为10nm,在式(1-13)中可认为$(T+A')$均为吸收率A。

因此材料透射率T为

$$T = 2\sqrt{\frac{2\omega\varepsilon_0}{\sigma}} = 0.1457\sqrt{\frac{\rho}{\lambda}} \qquad (1-14)$$

式中:ρ为材料的电阻率;T为材料的透射率,若研究对象是不透明金属材料,透射光全部被材料吸收,透射率亦为吸收率。

2) 其他振子的吸收

束缚电子具有一定的固有频率,其值由电子跃迁的能量变化决定,一般处在可见光区和紫外光区,束缚电子的作用将使金属的反射能力降低,透射能力增大,增强金属对激光的吸收,呈现出非金属的光学性质。当束缚电子吸收光子跃迁时,由于原子的平衡位置与电子所处的状态有关,电子状态不同,原子平衡位置也不同,当电子由一个状态跃迁到另一个状态时,原子的平衡位置并不能马上得到调整。例如电子在状态1,原子静止在平衡位置上,由于吸收光子,电子跃迁到另一状态2,跃迁过程中原子仍停留在原来位置,电子是垂直跃迁,这个位置相对状态2就不是势能最低的平衡位置,在恢复到状态2的平衡位置过程中,多余势能转变为原子的振动能,最终变成晶格能。所以在光吸收过程中,光子一部分能量实际上转变为晶格的热能。这部分光子的吸收率很显然和束缚电子的能级状态有关,由于各种金属的能级分布情况各不相同,比较复杂;各金属能级不同的主要原因在于金属原子的核外电子数和原子序数的不同,而核外电子的分布具有一定的规律,可以大致地通过核外电子分布的层数N来反映各种金属的电子能级状态的不同,而电子能级最主要反映的就是金属原子的谐振的固有频率。电阻率主要反映了金属的自由电子数,但同时它也正好说明了束缚电子的情况,显然电阻率ρ与光的吸收率成正比,另外吸收率还和光子的波长成一定关系,因此,可以假设这部分的吸收率模型为

$$A = ae^{b\sqrt{\frac{\lambda-c/N}{\rho}}} \qquad (1-15)$$

式中:N为试样的核外电子层数;λ为入射光波长;a、b为待定系数,可以通过计算机数值模拟确定它们的值;c为与金属固有频率有关的待定常数。

3) 金属吸收率模型的计算机拟合

由以上分析,可以综合得到金属吸收率模型为

$$A = 0.1457\sqrt{\frac{\rho}{\lambda}} + ae^{b\sqrt{\frac{\lambda-c/N}{\rho}}} + \Phi(\lambda,\rho) \qquad (1-16)$$

式中：$\Phi(\lambda,\rho)$ 为修正项，电阻率 ρ 是温度的函数：$\rho = \rho_{20}[1 + \gamma(T-20)]$。

通过计算铝、铜、金等金属的各项参数，可以确定 $c = 2.1 \times 10^{-6}$，使用 Matlab 软件进行拟合，确定 $a = 0.09$，$b = -0.5$ 以及修正项 $\Phi(\lambda,\rho) = \dfrac{\rho}{N\lambda - 1.0 \times 10^{-6}}$，得到金属材料的激光吸收率模型为

$$A = 0.1457\sqrt{\dfrac{\rho}{\lambda}} + 0.09 e^{-0.5\sqrt{\tfrac{\lambda - c/N}{\rho}}} + \dfrac{\rho}{N\lambda - 1.0 \times 10^{-6}} \quad (1-17)$$

1）吸收率与波长的关系

查得铝、铜、铂、铁四种金属的电阻率，见表1-2。根据吸收率模型，使用 Matlab 软件模拟了波长与吸收率的函数曲线，如图1-9所示。可以看出，金属材料在长波段时吸收率非常低，随着波长的减少，吸收率增大，波长为 $1.06\mu m$ 的 YAG 激光的吸收率明显比波长为 $10.6\mu m$ 的 CO_2 激光吸收率要高，因此在激光切割、焊接、打孔等加工过程比较适合使用 YAG 激光器，而激光熔覆、合金化等加工可以利用涂料弥补吸收率问题，则可以根据实际情况选择激光器。从图1-9中还可以看出铝在 $0.8\mu m$ 处吸收率有明显的上升过程，说明到 $0.8\mu m$ 处已经达到铝的固有波长，其他几种金属没有出现这种情况是由于它们的固有波长更短。

表1-2　铝、铜、铂、铁金属的电阻率、温度系数及电子层数

材料	20℃时电阻率/($10^{-8}\Omega\cdot m$)	温度系数/(10^{-3}/℃)	原子的电子层数
铝	2.69	4.2	3
铜	1.673	4.3	4
铂	10.6	3.93	6
铁	9.71	6.51	4

由表1-3可知，激光的波长越短，吸收率越高。因此，在进行钢铁制品的激光相变硬化时，采用波长为 $10.6\mu m$ 的 CO_2 激光，因其吸收率低，需要对表面进行预处理，以提高其吸收率。而采用波长 $1.06\mu m$ 的 YAG 激光，则因其吸收率高可不进行表面预处理。

2）吸收率与温度的关系

吸收率与温度的关系主要体现在电阻率变化上，上文已经指出电阻率是温度的函数 $\rho = \rho_{20}[1 + \gamma(T-20)]$，为了更好地说明温度与吸收率的关系，本文也拟合了吸收率与温度的曲线。图1-10表示出了当温度在 0℃~1000℃ 变化时，铝、铜、铁、铂四种金属对波长为 $10.6\mu m$ 的激光的吸收率变化曲线。

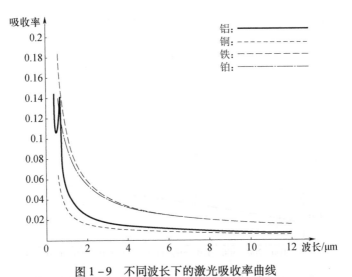

图 1-9 不同波长下的激光吸收率曲线

表 1-3 材料吸收率与激光波长的关系

材料	激光器			
	A_r^+($\lambda=488nm$)	红宝石($\lambda=694nm$)	YAG($\lambda=1.06\mu m$)	CO_2($\lambda=10.6\mu m$)
Al	0.09	0.11	0.08	0.019
Cu	0.56	0.17	0.10	0.015
Au	0.58	0.07	0.053	0.017
Ir	0.36	0.30	0.22	—
Fe	0.68	0.64	0.35	0.035
Pb	0.38	0.35	0.16	0.045
Mo	0.48	0.48	0.40	0.027
Ni	0.58	0.32	0.26	0.03
Nb	0.40	0.50	0.32	0.036
Pt	0.21	0.15	0.11	0.036
Re	0.47	0.44	0.28	—
Ag	0.05	0.04	0.04	0.014
Ta	0.65	0.50	0.18	0.044
Sn	0.20	0.18	0.19	0.034
Ti	0.48	0.45	0.42	0.08
W	0.55	0.50	0.41	0.026
Zn	—	—	0.16	0.027

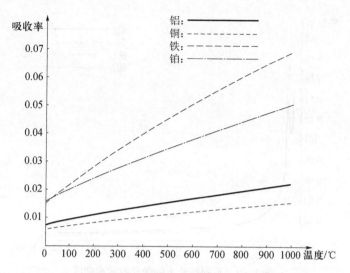

图 1-10　铝、铜、铁、铂激光吸收率随温度变化的曲线图

由于温度系数 γ 在 1000℃ 以后会发生明显的变化,故图中只拟合 0℃ ~ 1000℃ 的曲线关系。由图 1-10 中可看出激光吸收率都是随着温度的升高而增加,其主要原因在于这些金属的电阻率是随着温度的变化而增大的。这在激光热处理过程中是有利的并可加以利用,如可通过预热的形式来增加激光的吸收率,进而改善激光热处理的质量。

材料对激光的吸收率随温度而变化,其变化趋势是随温度升高,吸收率增大。金属材料在室温时的吸收率均很小,当温度升高到接近熔点时,其吸收率将升高至 40% ~ 50%;如温度接近沸点,其吸收率高达约 90%。并且,激光功率越大,金属的吸收率越高。

金属的吸收率 A 与激光波长 λ 和金属的直流电阻率 ρ 存在如下关系式:

$$A = 0.365(\rho/\lambda)^{-1/2} \tag{1-18}$$

又因 ρ 值随温度升高而升高,故吸收率 A 与温度 T 之间有如下线性关系式:

$$A(T) = A(20℃) \times [1 + \beta(T - 20)℃] \tag{1-19}$$

式中：β 为常数。

以上有关温度对激光吸收率的影响是在真空条件下建立的。实际上,在空气中进行激光加热,由于金属随温度升高,表面氧化加重也会增大激光吸收率。

3) 表面粗糙度影响

表面光滑的金属材料的激光吸收率一般不超过 10%,非金属材料的吸收率和激光的入射角有关,而表面粗糙度会影响激光入射角,因此表面粗糙度对激光在材料表面的激光吸收率的研究就显得更为重要。材料表面的粗糙度是对激光吸收率的主要影响因素之一,不论是对金属还是非金属都可以通过调整表面粗糙程度而达到多次吸收来增加材料的吸收率的目的,而表面粗糙度对非金属材料激光入射角的变化关系比较明显,从而使其对激光吸收率的影响尤为突出。

材料表面粗糙度对激光吸收率的影响是显而易见的,材料表面对激光多次反射的重复吸收。在光照射到材料表面时,由于表面凹凸不平,必然会产生多次反射,其原理如图 1-11 所示。图 1-11 中左边为材料表面粗糙的轮廓线,右边是对单个表面轮廓波谷在激光照射下的放大图。由图可见,垂直入射的激光束可以通过反复多次的反射而在表面 V 形凹槽中得到吸收,当凹槽角度 α 足够小时,垂直入射的激光束可认为是自陷的,即通过多次反射吸收来吸收激光束的所有能量。

图 1-11 材料表面多次反射吸收原理图

在表面改性处理过程中,无论用哪类激光作用在金属基材上,为了提高激光的利用效率,总是希望提高材料对照射到表面激光的吸收率。提高吸收率的途径,可以根据上面阐述金属材料对激光的吸收影响因素方面采取措施,主要有被照射材料、波长、温度、表面状况等。

1) 选择适合的材料

被作用的材料成分直接决定了对激光的吸收,如铁对 CO_2 激光的吸收率是 0.035,铝对 CO_2 激光的吸收率只有 0.019,仅为 Fe 的 54%。所以在表面改性过程中,如果基材为 Al 或 Al 合金,其反射率很高,难以被吸收。同样以 Fe 基为主的合金材料中,若含有吸收率较低的元素,照样也影响整体吸收率。

2) 选择适合的激光波长

金属材料在长波段时吸收率非常低,随着波长的减少吸收率增大,因此,选择短波长的激光有利于提高吸收率。

3) 提高基材温度

金属材料对激光的吸收率随温度升高而增大。在表面改性过程中,通过提高温度可以增加吸收率。但是,随着温度或物态的变化导致吸收率的变化,容易引起表面加热深度的变化,甚至元素烧损。因此,要视处理类型加以表面温度控制是必要的,有关内容将在相关设备章节中加以阐述。

4) 增加表面粗糙度

表面粗糙度越大,吸收激光效果越好,然而,需要根据粗糙度的类型加以区分。如果是机械打磨造成的粗糙度,由于在激光照射作用时形成不了漫反射,故吸收效果增加不明显;若采用腐蚀等方法,形成表面晶粒或晶界腐蚀状态,可以显著提高对激光的吸收效果,如 Al 合金采用 10% NaOH 浸蚀表面,吸收率将大幅度提高。

5) 预置吸光涂料

材料表面状态对激光吸收率的影响是表面粗糙度越大,其吸收率越大。但是,实际生产中,激光热处理不是都可以用增加粗糙度及降低表面质量来增加对激光的吸收。在这种情况下,可采用各种行之有效的涂料来提高激光的吸收率,不同涂料吸收率见表 1-4。

表 1-4 不同涂层的吸收率

涂料	吸收率/%	硬化层厚度/mm	涂料	吸收率/%	硬化层厚度/mm
磷酸盐	>90	0.25	炭黑	79	0.17
氧化镐	90	—	石墨	63	0.15
氧化钛	80	0.20			

注:试验材料 40 钢,功率 1500W,速度 10mm/s。

在进行激光热处理对,为了有效地利用激光能量和减少作业时间,我国已有一些成功应用于工厂激光热处理生产线的增加吸收率的方法。例如,表面中温磷化处理;喷涂专用黑漆;喷涂或涂敷以氧化物为主的专用涂料。它们共同的特点是对波长 $10.6\mu m$ 的 CO_2 激光吸收率高,且经济、无毒、简便。

采用金属氧化物作为涂料的主要组成,研究表明:在 $4953W/cm^2$ 的功率密度下,金属氧化物对 CO_2 激光的吸收率从高到低顺序是 TiO_2、ZrO_2、Al_2O_3、MgO、ZnO、石墨涂层及 Cr_2O_3;在扫描速度为 600mm/min 时,涂有 TiO_2 涂层所对应试样的有效硬化层深度达 0.98mm,激光热作用区面积达 $4.5mm^2$。

在不同功率密度下,各种金属氧化物所对应试样的激光热作用区面积的比较如图 1-12 所示。

不同粒度的金属氧化物对 CO_2 激光的吸收性能差别较大。研究表明:在平均粒度为 $45\mu m$、$13\mu m$、$6.5\mu m$ 和 $1.6\mu m$ 的 TiO_2 中,$1.6\mu m TiO_2$ 的吸收率最高。骨料、黏结剂和溶剂的配比及吸收涂层的厚度对吸收涂料的 CO_2 激光吸收性能有较大的影响。当涂敷吸光涂料的厚度控制在 0.1mm 左右,骨料含量 30%、黏

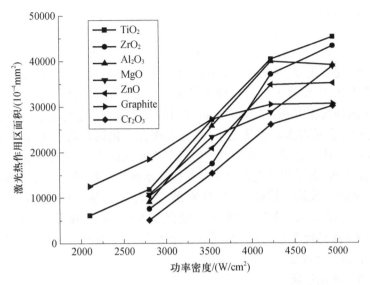

图1-12 不同涂层所对应试样的激光热作用区面积的比较

结剂含量15%时,其所对应试样的激光热作用区面积最大,吸收率最高,可作为具有高吸收率和良好工艺性能的吸光涂料。

1.2 激光表面改性主要技术内容与特点

1.2.1 激光表面改性技术内容

当激光束扫射经过黑化处理或涂有吸光材料的金属表面时,激光束能量被吸收到金属材料表层内,使温度达到相变点以上、熔点以下,当激光束快速从金属表面移开时,热量由表面迅速传至心部,使表面得到快速冷却,从而使金属表层发生快速淬火,引起相变硬化,这一过程称为激光相变硬化。高的冷却速度可以处理含碳量低的普通低碳钢(碳可低到0.2%)。对于钢和珠光体基体的灰口及合金铸铁,可用不熔化的激光相变硬化进行强化处理,它们的硬化效果取决于工件大小、工艺参数及含碳量。目前,这项技术的研究和应用最为成熟和广泛,一般应用于汽车、飞机等工业领域的部件的硬化强化处理,硬化深度范围为0.1mm~2.5mm。

激光表面熔化处理是金属材料表面在激光束照射下成为熔化状态,同时迅速凝固,产生新的表面层。根据材料表面组织变化情况,可分为激光合金化、表面重熔、熔覆表面复合强化、上釉等。

1) 激光表面合金化

在金属表面涂敷所需合金化涂层,经激光熔化处理后,金属表面层具有与基体不同的化学成分,并使之具有新的合金结构。通常采用的渗碳、渗氮、渗铬等合金化方法,需要将工件整体放入扩散炉中经长时间加热,通过碳、氮、铬等元素的扩散和气相沉积,来改变金属表面的化学成分,这些方法周期长、变形大、消耗的合金元素多。相比之下,激光表面合金化具有效率高、能量消耗少、合金化元素消耗少、变形小等优点。如汽车嵌套式阀座,若采用高温合金基材,成本高,加工难;而采用激光合金化对灰铸铁基体的工作部位进行局部强化,可解决这一难题。先涂一层铬,用 6.5kW 的 CO_2 激光器熔化形成 0.75mm 厚的抗回火含铬耐热表面层,硬度达 55HRC,能经受 540℃ 耐磨要求。对铝合金表面进行 FeNiCr 激光合金化处理,发现铝合金表面出现 Al9NiFe 和 AlFeNiSi 硬化相,强化了铝合金表面。

2) 激光表面熔覆

将具有某种特性(耐磨、耐热、耐蚀等)的合金粉末,预置涂敷于金属工件表面,或在激光处理的同时喷于激光处理区,使之在激光作用下熔化、扩散并凝固,形成与基体冶金结合、性能优良的表面包覆层。这种方法与通用的喷涂、电镀、离子镀层等工艺相比,优点在于结合牢固,包覆层厚度可控,操作简单,加工周期短,包覆层材料省等。与激光合金化类似,两者都需要添加合金元素。两者区别在于:合金化时,试样表层和涂层都熔化,被熔的基体材料与表面涂敷合金元素均匀扩散或化合,形成化学成分与原基体材料不同的新合金层,合金层组分与基体成分相关性大;而熔覆时,依靠合金在表面堆积成一定厚度的合金层,彻底改变表面组分,与基材成分相关性不大。笔者对铝合金表面进行碳化钨、碳化硼、二硫化钼等激光熔覆处理,得到了抗磨的碳化物以及减磨的固体润滑复合表面层,使基体合金耐磨性提高 4 倍~6 倍。

3) 激光表面重熔

激光表面重熔是利用激光加热熔化表面后快速凝固,可改善表面显微组织的分布,这样的熔化可以进行一次或重复多次。铁素体可锻铸铁布氏硬度为 130HB~170HB,组织是铁素体基体上的团絮状石墨和少量的珠光体,这种材料不易淬火,必须把团絮状石墨溶解,而且允许有足够的时间让碳扩散到奥氏体基体中才能实现。采用激光重熔扫描时,就能使碳很快再溶解并向奥氏体扩散,使奥氏体获得所需的碳浓度,获得的淬火组织为马氏体基体,硬度可达 60HRC。通过对铝合金激光重熔处理后,发现细化的处理层枝晶间距是基体枝晶间距的 1/18。

4）激光表面复合改性

激光表面复合改性是指用两种或两种以上的改性方法,该方法也可以指激光和激光以外的表面处理方法复合处理获得表面改性目的,是近年来发展的新技术。如电化学沉积复合激光合金化处理、表面喷涂复合激光重熔处理、激光熔化复合溶胶凝胶处理及激光淬火复合激光合金化等,该工艺技术将在第7至9章详细阐述。

5）激光上釉

激光上釉是采用高能量的激光束($10^7 W/cm^2 \sim 10^8 W/cm^2$),快速扫描金属表面,或把金属浸在液态氮中快速扫描处理,使金属表面极薄层熔化,处理后,可得到一层非晶态组织,类似陶瓷的上釉。

激光冲击硬化是采用脉冲激光束照射金属表面,使金属表面薄层迅速汽化,在表面原子逸出期间,发生动量脉冲,产生冲击波或应力波,冲击波穿过金属表层,在表层造成非弹性应变而使金属材料强化和硬化。该技术目前在国外工业应用中发展很迅速。

1.2.2　激光表面改性技术特点

与常规金属表面处理方法相比,激光表面改性技术有如下特点。

激光束的能量密度相当高,聚焦性好,功率密度可达 $10^6 W/cm^2$ 以上,能在 $0.001s \sim 0.01s$ 内把工件表面加热到 $1000℃$ 以上。当激光束离开加热区后,因热传导作用,周围冷的基体金属起了冷却剂的作用而获得自淬火效果,冷却速度可达 $10^4 ℃/s$ 以上,所以,淬火不用再加冷却剂,自淬火所获的组织,比感应、火焰、炉中加热冷却淬火组织要细得多,因而有更高的性能。倘若把工件浸入液态空气或液态氮中进行处理,则其表面可能出现非晶态层。

工件变形小,处理后表面光洁,省去处理后校形及精加工工序直接进入安装线。激光加热时聚焦于工件表面,加热快而自淬火,无大量余热排放。所以,应力应变小,表面氧化及脱碳作用也很少。因此,激光表面处理的这个特点具有很高的经济性。

许多零件需要耐热、耐蚀、耐腐的工作表面仅局限于某一局部区域,如轴类零件耐磨损限于颈部。其他热处理方法难于做到局部处理,所以只好整体处理,合金用量大,限制了许多性能优良的贵金属的应用,如钴、铬、钨等。激光合金化可做到局部选区性表面涂敷合金化,可在廉价的基材上(如铸铁、低碳钢等)产生高性能的合金化表面。

对于感应、火焰加热难于实现的窄深沟槽、拐角、盲孔、深孔、齿轮牙等表面的处理,可以用激光表面处理的手段实现,理论上只要光照到的地方都可以处理,而且,激光有一定的聚焦深度,离焦量在适当范围内功率密度相差不大,可以处理不规则或不平整表面,也可以处理工件直径相差在74mm以内的不同工件,这样可以简化工序。

热源干净,不需加热或冷却介质,无环境污染,安全保护也较容易。

激光具有良好的远距离能量传输性能,激光器不一定要靠近工件,更适合于自动化控制的高效流水线生产。

1.3 激光表面改性技术的内涵及作用

1.3.1 激光表面改性技术的内涵

激光表面改性技术是在普通基材表面实现高性能的表面改性技术之一。通过激光与材料表面的相互作用,可以改变表面性能,如在廉价的普通材料上,用激光淬火、合金化及熔覆等技术实现耐磨性、耐蚀性及耐高温性能等高于基材数倍的性能:一方面克服了原来基材采用整体高合金带来的制造工艺上的难题;另一方面实现了高性能低成本制造。

激光作用在工件表面,根据不同工况条件的要求,采用的激光改性技术的路线、方案各异。如大型局部工件表面淬火,采用激光相变硬化技术;当基材为沉淀硬化不锈钢时,采用激光表面固溶强化技术;对表面要求有一定粗糙度和硬度的工件,应采用激光熔凝强化技术;当工件表面要求具有耐磨、耐蚀、耐热等性能,且不改变几何尺寸的,应采用激光合金化、激光非晶化或激光冲击硬化等技术;如要求在工件表面要求增加一定厚度的耐磨、耐蚀或耐热等合金层,应采用激光熔覆技术。

然而,由于影响激光表面改性技术质量的因素很多,尤其对应力敏感、易氧化的熔覆材料,在较大面积、多层改性条件下易产生气孔、裂纹等缺陷。为了解决这个难题,近年来发展了一系列新的技术,其中,以表面复合改性技术尤为突出,例如,激光与 Ni 包纳米 Al_2O_3 复合改性技术;激光与纳米碳复合强化技术;激光与电化学复合或与化学原位合成复合制备纳米结构表面改性涂层技术等。

激光表面改性技术不仅满足了现代工业中各种关键零部件的高性能要求,而且激光表面改性作为激光制造技术的重要组成部分,对激光制造技术总体发展起到了有力的推动作用。

1.3.2 激光表面改性技术在发展循环经济、建设节约型社会中的作用

激光表面改性技术是表面工程中的先进技术之一,它是通过各种激光表面处理技术在材料表面制成具有特定性能的表面层。早在 20 世纪 80 年代后期,美国商业部就将表面工程技术列入影响 21 世纪人类生活六大关键技术之一,表面工程技术与计算机科学、新能源技术、新材料技术、信息技术和先进制造技术并列。我国也非常重视表面工程技术和先进制造技术的发展、创新和应用。尤其近十年来,我国做出了"发展循环经济、建设节约型社会"的重大战略决策,其核心是节约资源和能源。而激光表面改性与传统工艺相比较最突出的特点是:激光加热和冷却速度快、生产效率高、节约能源和资源。经激光相变、熔凝、冲击及非晶化等表面处理,不加任何合金元素,只改变工件表面微观组织结构,其使用寿命至少提高 1 倍~3 倍,节约了资源。用激光合金化或熔覆技术对工件表面改性,可实现用普通钢代替整体高合金钢,使废旧工件重新服役,从而大大节约了资源和能源。

随着大功率半导体工业激光器性价比的提高,尤其近年来激光器的商品化、小型化、柔性化和免维修的光纤激光器的迅速发展,使激光表面改性技术进一步创新和替代某些传统表面处理工艺,进入现代高科技的工业生产领域成为可能。它是表面工程技术和先进制造技术中最有效的节能、降耗的先进技术之一。

因此激光表面改性技术必将能在表面工程技术、先进制造与再制造领域,对发展循环经济、建设节约型社会起重要作用。

1.4 激光表面改性技术国内外发展现状与展望

1.4.1 激光表面改性技术国外发展现状

激光表面改性的研究始于 20 世纪 60 年代,但直到 20 世纪 70 年代初期研制出大功率激光器之后,激光表面相变和熔凝硬化技术才获得实际应用。汽车

工业作为工业革命的先导,激光表面改性技术在该领域得到较早应用,例如,1974年美国通用汽车公司先后组建了17条激光表面相变硬化和熔凝硬化汽车零件生产线,之后,德国大众、意大利菲亚特、日本尼桑等公司也相继组建了汽车零件激光相变和熔凝硬化生产线。

激光熔覆表面改性技术经过半个多世纪的发展,已从实验室逐步进入到实际工业应用。最先采用激光熔覆表面改性技术的是汽车发动机排气门的密封锥形面熔覆Stellite合金。意大利菲亚特汽车发动机排气阀座的环形表面用Stellite F合金激光熔覆,取得了很好的效果。美国的汽车排气阀座也用激光熔覆Stellite合金。俄罗斯利哈乔夫汽车厂的排气阀座采用激光熔覆耐热合金。

在航空航天工业中,激光熔覆表面改性技术首先用在Rolls–Royce公司的RB211飞机发动机高压叶片。

激光熔覆的材料体系目前在生产上仍选用市售的热喷涂自熔合金粉。根据工件服役条件和性能要求,在自熔合金中加入各种高熔点的碳化物(TiC、SiC、B_4C、WC)、氮化物、硼化物和氧化物陶瓷颗粒,形成了复合涂层甚至纯陶瓷涂层。

用激光熔覆方法制备一些金属间化合物改性涂层是当今研究的热点。Lehigh大学用激光熔覆镍和铝元素粉末,原位合成制备出Ni–Al系列金属间化合物。Abboud J. H.等人在钛及钛合金表面利用激光合金化和激光熔覆的方法制备了Ti_2Al金属间化合物改性涂层,为提高钛合金的高温抗氧化性能奠定了基础。

目前对镁合金的激光表面改性技术做了大量的研究,取得一定的成绩。从研究现状来看,镁合金激光熔覆、激光合金化和激光熔凝表面技术,无论耐磨性和耐蚀性都比镁合金基体有显著提高。其中激光熔覆后的耐磨性和耐蚀性能要优于激光表面合金化和熔凝技术。

激光熔覆制备纳米结构改性涂层与传统涂层相比,除了在强度、韧性、抗蚀、耐磨、热障、抗热疲劳等方面有显著改善外,还有利于解决目前纳米结构涂层制备中材料晶粒过度生长、致密度不高和激光熔覆层易出现裂纹等难题。激光熔覆制备纳米结构涂层的研究起步较晚,该技术随着纳米技术的研究应用深入而诞生,是一门刚刚兴起的新的表面改性技术。

激光冲击硬化改性技术能提高大部分金属材料,尤其是铝合金的强度、硬度和疲劳寿命。国外用激光冲击波来改善飞机结构中紧固件周围疲劳性能的应用研究,发现6.5mm板厚的裂纹扩展试样和紧固试件的高频疲劳寿命,经激光冲击硬化改性后比改性前延长100倍。研究表明,激光表面质量可用表面粗糙度与微凹沟这两个指标来衡量,通过对表面粗糙度与凹沟进行直接观察与分析,就可以判断激光冲击硬化改性的效果,同时可以通过优化激光参数、优化涂层与约束层、增加保护层及强化层来控制激光冲击硬化改性的效果。

利用激光作为气相沉淀的热源,可在基体材料表面形成各种陶瓷层,即激光气相沉积技术(LPVD)。目前,这一领域中最热门的是 XeCl 激光化学气相沉积,它是用激光束取代传统的热能和等离子体,气相沉淀的线条宽度分辨率可达 $0.2\mu m$,且为低温处理工艺,可用于制造或改性高质量的精密零件。只是因为 XeCl 激光器的寿命和可靠性问题,阻碍了该技术的实际应用。当前,美国,正研究用 XeCl 脉冲激光束在室温进行 B_4C 无定形薄层沉淀,层厚 $500\mu m$,此外还沉淀了 MoO_3 薄层,重点研究氧化物微粒压力和沉淀温度对化合物的结构、表面形态以及光学性能的影响,从而了解 MoO_3 薄层的生长机制。美国 IBM 公司发现用紫外准分子激光照射 PET 聚合物薄膜,可使薄膜表面发生刻蚀,并放出低分子量气体,包括 CO、CO_2、H_2 等,产生 C_2-C_{12} 的 30 多种低聚物和固体残片。

最近 10 年由于工业型大功率半导体激光器研制成功,使激光熔覆表面改性技术为零件破损部分的修复、实现报废零件的循环再利用开辟一个全新的领域。与 YAG 和 CO_2 激光相比,半导体激光能够制备无溅射、熔道更宽、稀释率更低、热影响区(HAZ)更窄的熔覆层。Kataushige Yymada 等人采用半导体激光熔覆技术,在双相不锈钢表面制备了高质量 Co 基合金熔覆层,用于零件破损部分的修复。

鉴于半导体激光器具有光电转换效率高达 40% 以上、体积小、寿命长和维护费用低等优点,其在国外发达国家已得到广泛的应用,并逐步取代原有的 CO_2 和 YAG 表面改性用激光器。目前,德国 Laserline 等公司已经推出了光束质量为 $60mm \cdot mrad \times 300mm \cdot mrad$,最小光斑为 $0.6mm \times 3.0mm$,输出功率高达 10kW 的光纤耦合输出半导体激光器。

随着高功率、高效率半导体激光器集成技术的成熟和掺杂光纤制作技术的发展,特别是双包层光纤的研究成功,使高功率光纤激光器诞生成为可能。高功率光纤激光器以其所具有的优点和重要的应用前景,吸引了国内外众多单位的注意。俄罗斯科学院、美国 IPG 公司、SPI 公司和 SDL 公司、英国南安普顿大学等部门先后开展了大量的研究,成果显著。如,SDL 公司于 1999 年实现了 110W 光纤激光器,光电转换效率高达 58%;IPG 公司于 2002 年实现了 700W 连续输出,如今已有万瓦级光纤激光器销售。

1.4.2 激光表面改性技术国内发展现状

我国激光表面改性技术的研究始于 20 世纪 70 年代初,经国家"六五""七五""八五""九五""十五"和"十一五"攻关计划的安排,用于激光表面改性的

大功率 CO_2 和 YAG 激光器、专用和通用数控加工机和导光聚焦系统以及与其配套的光学零件等均有专业生产厂批量生产。

激光表面改性技术研究与工业应用,在国家"八五""九五"攻关计划期间,无论从研究的内容深度、广度和工业应用推广等方面均处于国际领先水平。1990年在日本大阪召开的第二届国际激光加工会议上,中国有十篇激光表面改性及其应用的报告,其中有四篇安排大会报告。据不完全统计,到了"九五"末期,用激光表面改性技术为企业解决了诸多用传统工艺无法解决的难题。如内燃机、汽车发动机、拖拉机和抽油泵等激光表面相变硬化、合金化和熔凝表面改性,缸套、凸轮轴、曲轴、细长轴、大型轴承环、大模数齿轮、邮票印刷滚筒、大型圆锯片、热轧辊、行车轮、弹性联轴节主簧片等零件的激光硬化,以及冷轧辊激光毛化、纺织机械钢令激光非晶化改性等具有代表性。其中大型内燃机缸套、机车曲轴、大模数齿轮、机车用弹性联轴节主簧片、热轧辊激光合金化与熔凝改性、冷轧辊激光毛化和钢令激光非晶化等零件,至今仍在有关生产企业使用或服役。另外,以清华大学为代表的发动机活塞环激光合金化技术得到很好的推广应用。

随着我国制造业的崛起和发展,激光表面改性的市场需求还在快速增长。在"十五"和"十一五"期间,随着更大功率工业型 CO_2 激光器及其成套设备的发展,尤其新一代工业型大功率半导体激光表面改性成套设备的引进,使激光表面熔覆技术、激光诱导沉积技术、激光熔覆与其他表面处理复合技术和激光熔覆制备纳米结构涂层、激光再制造等技术及其应用,获得突飞猛进的发展,成果显著。如,浙江工业大学研究了汽轮机叶片进气边激光强化与修复技术、工模具的激光强化与修复技术、电力石化装备重要部件的激光强化与修复技术、螺杆激光强化与修复、无变形深层激光硬化技术等;上海工程技术大学研究了激光熔覆纳米陶瓷复合涂层中纳米抗裂的作用并获得发明专利;清华大学用激光原位合成法,在熔池中合成硬质合金沉淀层,解决了硬质合金熔覆时的气孔和裂纹问题。

用准分子激光对聚合物表面改性是近20年发展起来的新技术。人们研究了不同激光对多种聚合物引起的变化,使其表面具有新的性能和功能。

激光复合表面强化与激光熔覆技术近十年来在某些工业领域得到大面积推广应用。如汽轮机叶片进气边激光强化与修复技术,现已在全国各大汽轮机制造企业获得大面积推广应用,至2009年底,杭州博华激光技术有限公司共处理100余种型号、10万余件叶片,装机1300多台,经探伤检测合格率达100%,并与企业合作建立了1000MW超超临界汽轮机组叶片激光表面改性生产线。以浙江工业大学等为代表,用自制专用合金粉对大批量汽轮机叶片进气端进行了激光熔覆改性，代替了原钎焊 Stellite 6 合金片工艺。另外，用激光纳米复合改性涂层强化刀具，如厨刀、园林刀、木工刀、塑料造粒刀、钢丝钳、牙科钳等均进行了小批量生产。

1.4.3 激光表面改性技术存在的问题与前景展望

激光表面改性是一项多学科交叉的新兴领域，还有许多未知点需要探索，要实现更广泛的工业应用，尚需付出艰苦努力解决好下面几个问题。

（1）巩固和发展国产工业型大功率 CO_2 和 YAG 激光器的质量，确保输出功率的稳定性、可靠性，操作维修方便，定价合理。同时，加速发展国产第二代、第三代高功率工业激光器。

当今我国对第二代（半导体激光器）、第三代（光纤激光器）新型大功率工业激光器正处于积极研究阶段，为了更快、更广泛地推广激光表面改性技术，使中、小企业有能力接受这一新技术，应澄清第一代（CO_2 和 YAG）激光器即将被第二、第三代激光器替代的误区。因为迄今为止，绝大多数生产企业仍选用第一代激光器进行激光表面改性的生产。表明第一代激光器至少在某些激光表面改性生产中仍有巨大的市场空间。

加速发展国产第二代、第三代高功率工业激光器。在我国尚未形成批量生产产品之前，有条件单位引进新一代激光表面改性成套设备是必要的，尤其面对生产现场的大型、不可拆卸零件的修复更是不可或缺的选择。它将促进我国激光表面改性技术的发展，尤其在推广应用方面仍处于国际先进水平。

（2）研制开发表面改性质量控制系统，确保产业化的质量稳定性及可靠性。要研制和完善实用化喂料系统、多自由度的光束在线测温监控系统及光束整形系统方面的专用装置，解决好温度场测定不够精确的问题，实现激光表面改性成套设备集成化、智能化，为进一步实现激光表面改性技术产业化创造有利条件。

（3）加强激光表面改性机理研究，研究远平衡状态下激光与材料相互作用特征，从理论上对激光合金化和熔覆技术产生残余应力和裂纹的机理进行深入研究，并提出具体解决方案。

（4）加强研究在不同工况条件下激光表面改性工艺参数、材料性能以及表面状况等因素对激光改性层组织性能的影响，探索最优工艺参数组合，发展成套工艺，建立实用型的工艺专家系统，逐步制定激光表面改性工艺标准。

激光表面改性技术是未来工业应用潜力最大的先进技术之一，它将会广泛地用于机械、电力、动力、航空、兵器、汽车、石化和冶金等行业。用激光表面改性技术在一些性能差和廉价的基体表面构成合金层,用以替代昂贵的整体合金材料或战略材料,使廉价材料获得应用,降低零件制造成本。此外,用激光熔覆技术可以制备出在性能上与传统冶金方法完全不同的合金、陶瓷或纳米涂层,用以满足磨损、高温、化学腐蚀等极端环境下零件表面性能的需求。

由此可见,该技术的应用具有很大的社会经济效益。随着激光表面改性技术的不断创新、性价比远高于国外进口设备的国产新一代激光表面改性成套设备日趋成熟,已经显示出新的巨大的工业应用前景,激光表面改性技术将会得到更广泛的推广应用,将在我国表面工程技术、先进制造与再制造领域发挥重要作用,为发展循环经济、建设节约型社会提供技术支撑。

参 考 文 献

[1] 王家金. 激光加工技术[M]. 北京:中国计量出版社,1992.
[2] 关振中. 激光加工工艺手册[M]. 北京:中国计量出版社,1998.
[3] 闫毓禾,钟敏霖. 高功率激光加工及其应用[M]. 天津:天津科学技术出版社,1994.
[4] 丁庆明. 激光强化 $NiAl/Al_2O_3$ 化学复合涂层的制备及其高温氧化性能的研究[D]. 杭州:浙江工业大学硕士学位论文,2010.
[5] 张伟. 激光熔覆制备纳米结构涂层的研究[D]. 杭州:浙江工业大学硕士学位论文,2005.
[6] 张溪文,韩高荣. 特种化学气相沉积法制备大面积纳米硅薄膜的微结构和电学性能研究[J]. 真空科学与技术学报,2001,21(5):381-385.
[7] 陈生钻. 强激光作用下的纳米复合涂层组织性能研究[D]. 杭州:浙江工业大学硕士学位论文,2004.
[8] 董允. 现代表面工程技术[M]. 北京:机械工业出版社,2000.
[9] 李国英. 材料及其制品表面加工新技术[M]. 长沙:中南大学出版社,2003.
[10] 张军,潘玉寨,胡贵军,等. 高功率光纤激光器的应用与展望[J]. 半导体光电,2003,24(4):222-226.
[11] 徐滨士. 激光制造技术在再制造工程中的应用及其发展前景[C]. 北京:香山科学会议第201次学术讨论会,2003(9):25-29.
[12] Abboud J H, West D R F, Hibberd R H, et al. Property Assessment of Laser Surface Treated Titanium Alloys[J]. Surface Engineering,1993,9(3):221-225.
[13] 赵昆,包全合. 镁合金表面激光改性的研究进展[J]. 材料热处理技术,2009,38(10):135-138.
[14] 周大伟,许晨阳,李晋,等. 镁合金激光表面改性研究新进展[J]. 轻合金,2007,4:39-42.
[15] 姚建华,张伟. 激光熔覆制备纳米结构涂层研究进展[J]. 激光与光电子学进展,2006,43(4):1698-1709.
[16] Choudhury A R, Tamer Ezz, Satyajit Chatterjee, et al. Microstructure and tribogical behavior of nano-structured metal matrix composite boride coatings synthesized by combined laser and sol-gel technology

[J]. Surface & Coatings Technology,2008,202(13):2817-2829.

[17] Choudhury A R,Tamer Ezz,Lin Li,et al. Synthesis of hard nano-structured metal matrix composite boride coatings using combined laser and sol-gel technology[J]. Materials Science and Engineering A,2007,445-446:193-202.

[18] Ezz T,Crouse P,Li L,et al. Synthesis of TiN thin films by a new combined laser/sol-gel processing technique[J]. Applied Surface Science,2007,256(19):7903-7907.

[19] 张永康. 激光冲击强化效果的直观判别与控制方法研究[J]. 激光技术,2000,(5):83-88.

[20] F. Kokai,Taniwaki M.,Ishihara M.,et al. Effect of laser fluence on the deposition and hardness of boron carbide thin films[J]. Applied Physics A,Material Science & Process,2001,74(4):533-536.

[21] Hussain O M,Srinvasa Rao K,Madhuri K V,et al. Growth and characteristics of reative pulsed laser deposited molybdenum trioxide thin films[J]. Applied Physics A,Material Science & Process,2001,75(3):417-422.

[22] Kataushige Yymada,Morisita S,Kutsuna M,et al. Direct diode laser cladding of Co based alloy to dual phase stainless steel for repairing the machinery parts[J]. First International Symposium on High-power Laser Macro-processing,Ismu,Miyamoto,2003:65-70.

[23] 王立军,彭航宇,顾媛媛,等. 半导体激光在加工中的应用[J]. 红外与激光工程,2006,35(增刊):310-313.

[24] Dominic V,MacCormack S,Waarts R,et al. 110W fiber laser[J]. Election Lett.,2000,35(14):1158-1160.

[25] Nilsson Johan,Payne David N. High power fiber lasers[J]. SCIENCE,2011,332(6032):921-922.

[26] 黄继颇,王连卫,高剑侠,等. 脉冲准分子激光沉积AlN薄膜的研究[J]. 中国激光,1999,26(9):815-818.

[27] 方国家,刘祖黎,周远铭,等. 脉冲准分子激光沉淀纳米WO_3多晶电致变色薄膜的研究[J]. 硅酸盐学报,2001,29(6):559-564.

[28] 章宁琳,宋志棠,邢溯,等. 准分子脉冲激光沉积法制备的ZrO_2薄膜结构和电学性能的研究[J]. 中国激光,2003,30(4):345-348.

[29] 彭鸿雁,金曾孙,李俊杰,等. 高功率准分子激光沉积类金刚石膜的结构及性能[J]. 高等学校化学学报,2003,24(11):2048-2050.

[30] 武颖娜,梁勇,冯钟潮. Al_2O_3-SiC纳米复合陶瓷的准分子激光表面改性[J]. 材料科学与工程,2000,18(2):35-37.

2

激光表面改性成套设备

2.1 激光器的类型、特点与选用原则

2.1.1 气体激光器

经 50 余年的迅速发展,目前激光器的类型繁多,并且还在不断地涌现新的激光器,本章仅讨论与激光表面改性技术相关的激光器。

氦—氖激光器是我国最早(1961 年)出现的气体激光器,它发出的连续激光是人眼可见的红色光,其波长为 $0.6328\mu m$,在激光表面改性成套设备中,常作为不可见红外激光束同轴瞄准的光源。通过红外激光器、氦—氖激光器、导光聚焦系统以及工作台或机器人系统的同轴设计,用红光代替人眼看不到的激光(CO_2、YAG 等)方便地实现成套设备的安装调试,对局部预激光表面改性的轨迹进行检查或示教。

氦—氖激光器的结构如图 2-1 所示,其主要特点是:电源系统为高压(起辉电压约数千伏)小电流(数毫安),最大连续输出功率为瓦级,用于表面改性装

备中指示用的输出功率为 50mW~80mW,最大外形尺寸约为 200mm×φ30mm,转换效率较低。

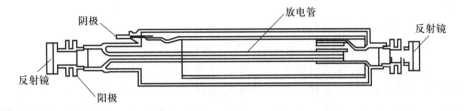

图 2-1　氦—氖激光器结构图

常用的快速流动式 CO_2 激光器按照工作气体流动方向、电场方向和光轴方向的相对关系分为横流 CO_2 激光器和快速轴流 CO_2 激光器。

1）横流 CO_2 激光器

当工作气体流动方向与激光谐振腔轴以及放电方向相互垂直时称横向流动 CO_2 激光器。其结构示意图如图 2-2 所示。其主要特点与慢流动扩散冷却式 CO_2 激光器相比,气体流通截面大、流速高,允许注入的电功率密度高,每米放电长度输出功率可达 2kW~3kW(而慢流动仅为 50W),可制成紧凑的工业用

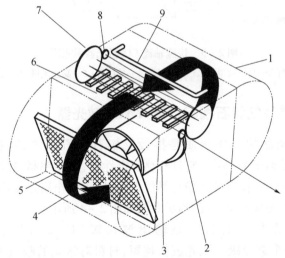

图 2-2　横向流动 CO_2 激光器结构简图
1—密封壳体；2—输出反射镜；3—高速风机；4—气流方向；
5—热交换器；6—阳极；7—折叠镜；8—后腔镜；9—阴极。

高功率 CO_2 激光器。国内已有万瓦级横流 CO_2 激光器产品,国外已有最大输出功率达十万瓦级的横向流动 CO_2 激光器。输出模式以多模为主,如加入小孔光栅可输出低阶模乃至基模。

2) 快速轴流 CO_2 激光器

当工作气体流动方向与激光谐振腔轴和电场方向一致时称快速轴流或纵向快流 CO_2 激光器,其结构示意图如图2-3所示。其主要特点是:光束多以基模或低阶模方式输出;在输出同等功率的条件下,作用在工件表面的功率密度越高,电光转换效率越高,可达26%,而横向流动 CO_2 激光器的电光转换效率为13%~16%。如工件需要激光表面改性的面积较大,需外加光束处理装置。

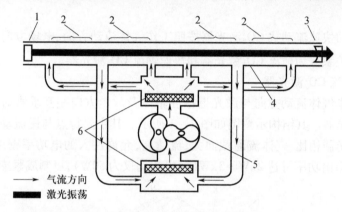

图2-3 快速轴流 CO_2 激光器示意图
1—后腔镜;2—高压放电区;3—输出镜;4—放电管;5—高速风机;6—热交换器。

2.1.2 掺钕钇铝石榴石(Nd:YAG)激光器

该类型激光器的工作物质是掺钕钇铝石榴石晶体,这种晶体简记为 $Nd^{3+}:YAG$,激活离子为 Nd^{3+},它具有热稳定性好、热导率高、热膨胀系数小、晶体各向同性、硬度大、化学性质稳定等优点,适用于制作稳定度高的脉冲、连续、高重复频率等多种激光器,其结构示意图如图2-4所示。

该类型激光器主要特点是输出波长短(1.06μm),比 CO_2 激光器(10.6μm)小一个数量级。激光波长越短,材料对激光的吸收率越大。因此,在同等功率条件下对反射率高的 Al、Cu 等工件进行表面改性处理,YAG激光器的效果远优于 CO_2 激光器。另外,YAG激光可以用光导纤维传递能量,便于实现柔性化激光表面改性成套设备,灵活性大大提高,但它的电光转换效率低(2.5%~5%)。

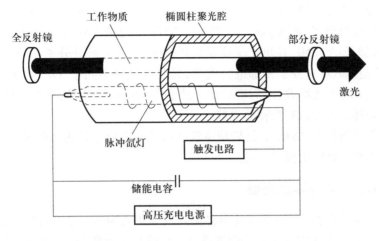

图 2-4 YAG 激光器的基本结构示意图

2.1.3 准分子激光器

准分子激光器的工作粒子是一种在激发态复合为分子,而在基态离解为原子的不稳定缔合物。准分子激光器构造包括:放电室、谐振腔、火花隙预电离针、放电电路、风机、热交换口、水冷却系统或油冷泵、充排气系统等,其结构原理如图 2-5 所示。

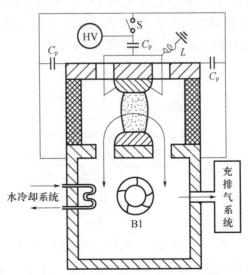

图 2-5 准分子激光器结构原理图

准分子激光器具有波长短、能量高、重复频率高及可调谐等特性。它输出紫外超短脉冲激光,波长范围为193nm~351nm,约是YAG激光波长的1/5和CO_2激光波长的1/50,其单光子能量高达7.9eV,比大部分分子的化学键能都高,因此能深入材料分子内部进行改性,其改性机理不同于YAG和CO_2激光。前者属激光冷态表面改性,后者属激光热态表面改性。显然,准分子激光器在表面冷处理改性方面有独特的优势。

由于结构复杂、体积大、运转成本较高以及输出功率只达百瓦级,限制了准分子激光器工业应用面的扩展。

2.1.4 半导体激光器

半导体激光器通常由多个半导体激光发光单元通过一维列阵巴(bar)或多维列阵(stack)叠加而成。每个列阵条由十几或几十个发光单元组成,巴条的长度一般为10mm。由于每巴条为了散热都有一定的厚度,常见厚度是1.8mm,而发光区域在快轴方向仅有1μm,这样快轴方向光束的填充因子就很低,在快轴方向光束已准直的情况下,半导体激光列阵远场呈现出一组间距较大的平行光斑,这种光斑用于激光表面改性影响不大,但是由于此种光斑不利于光束聚焦,对激光切割、焊接等应用有一定影响。

半导体激光器系统主要由激光发生器、电源、水冷系统、控制系统等组成。为了获得高光束质量、高功率输出,激光器光学系统采用了快轴微透镜准直、光束对称化整形、波长和偏振耦合等技术。激光输出波长一般为900nm~1030nm(±10nm),激光发生器机头的组成结构如图2-6所示。

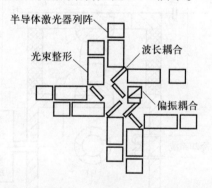

图2-6 激光发生器机头组成结构示意图

大功率半导体激光器具有体积小、重量轻、效率高、寿命长、波长短、金属吸收率高、适合光纤传输以及性价比高等优点。但是,与大功率气体CO_2激光器和YAG激光器相比,光束以多模为主,比较适合于表面改性,不适合于切割、焊接及打孔等。

随着半导体激光芯片技术和集成技术的发展,大功率半导体激光器的功率越来越高,光束质量也逐年改善,适用面逐渐增加。目前用于激光制造的大功率半导体激光器的功率可达 6kW 甚至更高,光束可耦合进入芯径为 0.6mm 的光纤。

2.1.5 光纤激光器

随着光通信网络及相关领域技术的飞速发展,光纤激光器作为第三代激光器的代表正在不断向广度、深度方面推进。目前根据不同应用领域需求,已研发出双包层光纤激光器、全光纤激光器、光子晶体光纤激光器、多波长光纤激光器、超短脉冲光纤激光器及喇曼光纤激光器。现仅介绍前两种最适合激光表面改性的光纤激光器。

与普通激光器一样,光纤激光器也由工作物质、谐振腔和泵浦源组成,如图 2-7 所示。

图 2-7 光纤激光器基本结构示意图

光纤激光器的泵浦源采用技术成熟的半导体激光器,但由于其输出光束过大很难耦合进单模光纤,双包层光纤的研制恰好解决了这一难题,使高功率光纤激光器成为可能。双包层光纤的组成如图 2-8 所示。

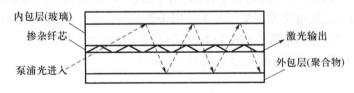

图 2-8 双包层光纤截面图

双包层光纤激光器主要特点是:①光电转换效率高,达 30% 左右。②激光光束质量好,如连续输出功率为 100W 的掺 Yb 双包层光纤激光器,激光的光束质量因子 M^2 接近于 1。③散热特性非常好,双包层光纤激光系统采用细长的掺杂光纤本身作为增益介质,表面积/体积比很大,因此散热性能好。对连续输出 110W 光纤激光器,若将光纤盘绕成环状,只需简单风冷。④结构简单,体积小,使用方便,免维护等。

全光纤激光器的光路全部由光纤和光纤元件构成,光纤和光纤元件之间采用光纤熔接技术连接,整个光路完全封闭在光纤波导中。因此光路一旦建成,即形成一个整体,避免了元件的分立,可靠性得到极大增强,实现与外界环境的隔离。由于光纤细小并具有很好的柔韧性,光路可盘绕或沿细小的管道穿行,因此全光纤激光器能够在较恶劣的环境下工作,输出光可穿过狭小的缝隙或沿细小管道进行远距离传输。这些特点,对大型装备零件细长管道内壁表面改性的现场修复和激光再制造优势巨大。

高功率光纤激光器的出现是激光发展中的一个里程碑,以其优越性能和超值的价格,可能将在某些激光表面改性技术推广应用中替代 CO_2 和 YAG 激光器,并将会开辟一些新的激光表面改性的应用领域,无疑将对扩大激光产业规模起重要作用。

2.1.6 激光器选用原则

目前,激光器种类繁多,性能各异,用途亦多种多样。在实际应用中如何正确选择合适的激光器是一个很重要的问题。总结下来,应按照下面七个原则去选用。

波长越短,则金属材料表面反射系数越小,吸收光能越多。有些激光可通过倍频、和频及喇曼等过程,其波长可覆盖紫外线、可见光、红外线及近红外线。各波段有其最适宜的应用领域,不是波长越短对任何应用领域都有好处,波长越短在改性过程作用时间越难于控制,由于短波长吸收性能好,表面作用层深大,最表面的过烧或蒸发现象越显著。用于激光表面改性最适宜的波段是红外线和近红外线,如 CO_2 激光波长为 $10.6\mu m$,YAG 激光为 $1.06\mu m$,半导体激光为 $0.90\mu m \sim 1.03\mu m$,光纤激光为 $0.7\mu m \sim 1\mu m$。

模式决定激光光场在空间的展开程度,高阶模即多模展开程度宽,而低阶模展开窄,能量集中。高阶模激光作用在金属表面能获得较大面积均匀硬化层,而在同等功率的低阶模激光作用下获得中央熔化甚至汽化、边缘硬化的窄带层。因此,应根据应用领域的要求,选择激光模式,如激光表面改性选多模、激光焊接选低阶模、激光切割和打孔选基模。

激光有连续和脉冲输出两种方式。连续输出是在指定时间内,连续输出所需要的相同功率,而脉冲输出有多脉冲和单脉冲两种。激光表面改性绝大多数应选连续输出激光器,只有冲击硬化和一部分非晶化改性应选高重复频率脉冲激光器。

激光设备的可靠性对在生产线服役的激光器是至关重要的。若激光器常因设备故障停产,对企业损失惨重,也影响激光技术的推广应用。因此在选择激光器时应审查与其配套元器件的可靠性、寿命周期等。有些激光器随着使用时间的增加其输出光模式是变化的。例如,有些封闭式 CO_2 激光器随着放电时间的增加,放电气体的分解造成输出模式的变化;灯泵式 YAG 激光器随着灯的放电时间延长,其输出功率和光的模式也发生变化。以上情况都会造成输出激光的不稳定,直接影响表面改性的质量,对于此类情况,应当适时调整、补偿。

目前在企业用于激光表面改性的激光器仍以连续 CO_2 轴流和横流激光器、YAG 激光器为主。这两类激光器仍需要定期维护和调试。在选择激光器时,应考查维护、调试方案及措施等。半导体激光器因其结构决定了维护、调试较 CO_2 和 YAG 激光简单得多,而光纤激光器可达到免维护水平。

一般在满足上述性能要求的情况下,对同一类型的激光器应选择性价比高的激光器,除一次性投资外也应考虑运行成本。快速轴流 CO_2 激光器运行成本高于横流 CO_2 激光器和 YAG 激光器,大功率半导体激光器和光纤激光器目前主要以进口为主,运行维修费用较高,尤其是光纤烧损造成光纤更换成本较高,选用有光纤隔离器的耦合系统可以有效避免光纤的烧损。

选择激光器厂商时,应考察厂商是否有一支强的、稳定的技术队伍和生产能力,售后服务是否健全,易损件补充的来源、供货渠道是否畅通等。对于进口设备国内是否有专业化代理维护队伍仍然是考察的关键因素之一。

2.2 导光聚焦系统

导光聚焦系统是将激光束传输到工件需要改性部位的设备,该系统包括光束质量监控设备或功率计、光闸系统、扩束望远镜(使光束方向性得到改善,并能实现远距离传输)、可见光同轴瞄准系统、光传输转向系统和聚焦系统。

导光系统的关键技术是激光传输与变换方式、光路及机械结构的合理设计、光学元件的选择,包括光学加工工艺及镀膜技术、光束质量的在线监控、自动调焦及加工工件质量实时监控技术等。

2.2.1 激光传输与变换设计

激光传输需要根据工件形状、尺寸、重量、被激光改性的部位及性能要求因素决定。激光传输的距离与光损耗成正比,因此在达到工件性能要求的条件下,应尽量缩短光束传输的距离。

目前,用于生产的光束传输手段有光纤和反射镜两种。光纤多用于 YAG 激光、半导体激光及光纤激光器;反射镜多用于大功率 CO_2 激光器,其材料采用铜、铝、钼、硅等,经光学镜面加工或金刚石高速切削,在反射镜面上镀高反射率膜,使激光损耗降至最低。

激光束利用反射镜不仅可以静态偏转,而且还可以通过镜面万向关节进行多轴自由运动,如图 2-9 所示。这时,根据用户需要可组装成固定式或柔性导光聚焦系统。

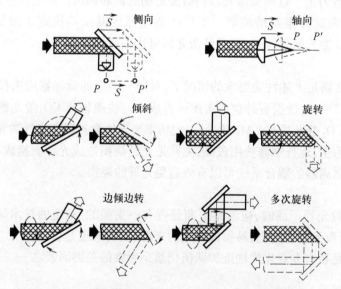

图 2-9 激光束经透射及反射光学元件的变化情况

对于光纤耦合的半导体激光改性系统,光学变换通过一组封闭的透射式光束处理系统来实现,可以实现线形、方形和矩形等各种形状的光斑,如图 2-10 所示。

在导光聚焦系统中,光路及机械机构设计合理与否直接影响激光功率的直接利用。图 2-11 为导光系统终点可提供的功率。一般加一块反射镜,激光功率损失3%,如果采用冷却等措施,可将功率损耗降至1%,因此在光路

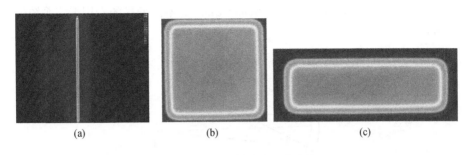

图 2-10 半导体激光光束变换

(a) 线形光斑 70mm×1.5mm；(b) 方形光斑 30mm×30mm；(c) 矩形光斑 28mm×8mm。

设计中应尽可能减少反射镜的数量。

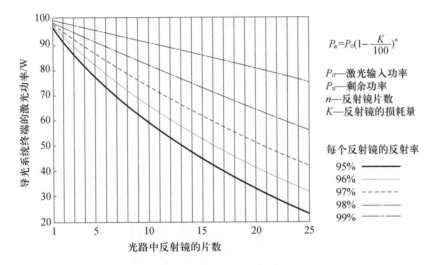

$P_n = P_0(1 - \dfrac{K}{100})^n$

P_0—激光输入功率
P_n—剩余功率
n—反射镜片数
K—反射镜的损耗量

图 2-11 导光系统终点处可提供的激光功率

2.2.2 光束聚焦系统

光束聚焦系统有透射式和反射式两种。激光表面改性由于激光功率高，多采用反射式。当用球面反射镜聚焦时，因光束离轴传输会产生像散，因此入射角不能太大，一般≤5°(图 2-12)。当要求聚焦光斑很小时，为消除球差和像散，可采用离轴抛物面镜(图 2-13)。为了提高光强分布均匀性，可选用积分镜(图 2-14)。为满足不同形状尺寸和性能零部件激光表面改性的需求，采用积分聚焦(图 2-15)和抛物面镜复合聚焦，设计研制了 9mm×1mm、10mm×

41

2mm、10mm×16mm、16mm×6mm、16mm×8mm 等不同型号的专用聚焦系统(图 2-16)。

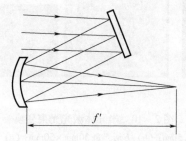

图 2-12 球面反射镜聚焦

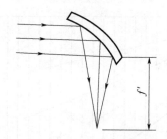

图 2-13 离轴抛物面镜聚焦

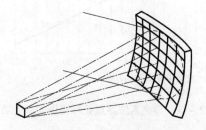

图 2-14 积分镜聚焦

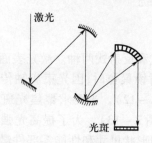

图 2-15 积分与抛物面镜复合聚焦

 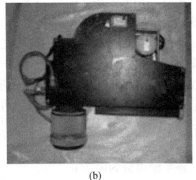

图2-16 宽带积分聚焦系统

(a) 10mm×2mm 反射式积分聚焦镜；(b) 2mm×(10~30)mm 可调宽带积分聚焦镜。

近年来对于积分聚焦系统的反射式聚焦镜加工技术有所发展,以一体式聚焦和一体式分光系统为代表,如图2-17所示。反射式分光聚焦(图2-17(a))是同时用两束不同密度的激光组合在一起实施,图2-17(b)可以根据计算设计不同大小的积分镜。这样,聚焦系统大大简化,比起多块镜子组合聚焦方式,一体化聚焦稳定性有所提高。

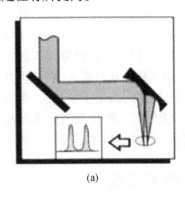 

图2-17 分光聚焦系统和积分聚焦

(a) 反射式分光聚焦系统；(b) 一体化积分镜。

固定式导光系统是激光头固定,工件靠机床 x、y、z 轴向和水平回转等方式运动。因光路短,在导光系统中不需要加望远镜系统,根据需要可很方便地更换各种聚焦头。该系统适用于小型工件激光表面改性处理,如刀具刃口和小缸套内壁强化等。

另外一种形式是光固定、工件旋转或水平移动。这类导光系统需加望远镜系统,因光路长 10m 以上,这是专为抽油泵筒和炮筒内壁激光表面改性设计的。

YAG 激光器可采用光纤传输,在单一、产品专用生产线上,仍可选用光固定方案。例如:在上海纺织专件厂钢令激光非晶化生产线上,采用两束光纤传输的 YAG 激光束,对准钢令(工件)跑道的两个角度,由工件自动上下料,外加回转运动即可完成钢令激光非晶态改性处理。

1)机械手式导光聚焦系统

该系统可分为两类:

(1)手臂式导光聚焦系统,它是通过光学和机械结构设计,使每块反射镜像人手关节一样任意回转或伸长、缩短,它是靠机械关节控制光束的运行轨迹。该系统适用于形状各异、微小和多品种工件的表面改性处理。

(2)龙门式或桥式导光聚焦系统,激光通过反射镜在龙门或桥式框架内,沿 x、y、z 光头回转并在 $0°\sim 90°$ 方向可调范围内回转。一般工件只需回转运动。这类导光系统适用于中大型工作激光表面改性,如冶金轧辊激光表面熔凝表面改性处理等。

2)工业机器人导光聚焦系统

工业机器人由操作机(机械本体)、控制器、伺服驱动系统、检测传感装置构成,是一种仿人操作、自动控制、可重复编程、能在三维空间完成各种作业的机电一体化、自动化生产设备。20 世纪 90 年代末工业机器人应用领域已由制造业逐步扩展到非制造业。目前所用的第三代工业机器人,在结构方面越来越轻巧,智能化程度越来越高,人机界面十分友好,满足了多样化、个性化需求。激光束通过装在机器人中的光纤或反射镜可对工件任意表面进行改性处理。本系统适用于多品种、变批量的柔性激光表面改性研发以及中试生产。

2.3 喂料系统

随着自动化程度的提高,激光熔覆与合金化过程的合金材料供给从原来的预置式逐渐发展成为自动输送方式即通过喂料系统输送。喂料系统是在激光合金化或熔覆表面改性过程中在熔池连续按需要添加合金元素的装置,它是激光合金化和激光熔覆表面改性成套设备的重要组成部分。目前喂料系统有送粉和送丝(带)两种方式,前者在试验和生产中用得较多,后者发展较晚,目前仅有少数单位研制与应用。喂料系统一般由送粉(丝、带)器、喷嘴(头)及控制器三部分组成。

2.3.1 自动送粉系统

1) 同步侧送粉法

同步侧送粉法如图 2-18 所示,粉末由送粉器经送粉管直接送入工件表面激光辐照区。粉末到达熔区前先经过光束,被加热到红热状态,落入熔区后随即熔化,随基材的移动和粉末的连续送入,形成激光熔覆带。激光熔覆对送粉的基本要求是要连续、均匀和可控地把粉末送入熔区,送粉范围要大,并能精密连续可调,还要有良好的重复性和可靠性。

粉末的送入方式如图 2-19 所示,可分为两种:一种是正向送粉法,即工件的运动方向与粉末流的运动方向的夹角小于 90°;另一种为逆向送粉法,即工件的运动方向与粉末流的运动方向的夹角大于 90°。一般来说,逆向送粉法的粉末利用率高于正向送粉法,这主要是由于逆向送粉使熔池边缘变形,导致液态金属沿表面铺开,增大了熔池表面积,因此在相同的激光熔覆条件下,其粉末的利用率大幅提高。

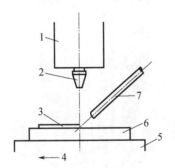

图 2-18 同步侧送粉示意图
1—聚焦镜筒;2—出光嘴;3—涂覆层;4—运动方向;
5—工作台;6—试样;7—粉末输送管。

同步送粉对粉末的粒度亦有一定的要求,一般认为粉末的粒度在 40μm ~ 160μm 间具有最好的流动性。颗粒过细,粉末易于结团;颗粒过粗,则可能堵塞送料喷嘴。详细情况将在熔覆材料一节中阐述。

2) 同轴送粉法

不同于侧向送粉,同轴送粉实现激光与粉末流同轴。同轴送粉喷嘴的典型结构如图 2-20 所示。整个喷嘴集成了焦距调节、气体保护、循环冷却、粉末流道和激光束通道等子结构。在使用时,将同轴送粉喷嘴上部与激光头固定在一

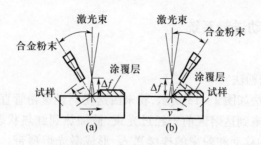

图 2-19 粉末的送入方式
(a) 正向送粉法;(b) 逆向送粉法。

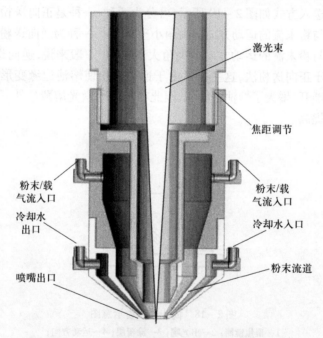

图 2-20 同轴送粉喷嘴的典型结构示意图

起,以完成 x、y 和 z 轴运动;激光束和保护气流从喷嘴中心通过(保护气流可避免烟气升腾污染聚焦镜片);从分配器来的四束粉末/载气流从喷嘴的四个入口进入,沿着喷嘴下部流道,呈倒置圆锥状喷出;通过喷嘴上部的焦距调节螺纹,可调整喷嘴与熔池的距离,使从喷嘴喷出的粉末流恰好汇聚到熔池里;由于喷嘴距熔池较近,为了防止熔池热辐射使喷嘴过热,喷嘴内置了冷却水循环系统。同轴送粉避免了侧向送粉中由于喷嘴与激光的相对位置导致熔覆过程送粉量的变化,可以始终均匀准确地保持熔池供粉量的稳定,与运动方向无关;但其送粉头结构相对复杂,尤其是粉末流、气流及冷却水路的通畅是保证送粉稳定性的关键,要保证流道内壁的粗糙度,其加工难度也很大。同轴送粉头熔覆实物如图 2-21 所示。

图 2-21 同轴送粉头熔覆实物

送粉系统通常由送粉器、送粉头和粉末输送检测与控制三大部件组成。同步送粉用的送粉器有许多类型,其基本性能见表 2-1。

表 2-1 送粉器基本性能

项目分类	指标	项目分类	指标
粉末形状	任意形状	粉末输送速率	可控
粉末颗粒尺寸/目	大于 400	输送方式	连续
送粉能力/(g/min)	5~100	送粉精度/%	1~2
重复误差/(g/min)	小于 1	粉末利用率/%	≥80

目前常用送粉器有刮板式、螺杆式、自重式和转刷式等。一种常用的刮板式送粉器的工作原理如图 2-22 所示。由电机经蜗杆带动平面转盘转动,使储料斗中的粉末源源不断地流至平面转盘上。当载有粉末的转盘转至挡板处时,原与转盘同步运动的粉末因受阻而在挡板前堆积。当堆积量达到一定值时便沿转盘边缘稳定持续地落入漏斗。在辅助气体和重力的双重作用下,经送粉管

送入激光辐照区,调节辅助气体流量可控制粉末的流速及其落下位置。辅助气体通常采用氩气或氮气等保护性气体。

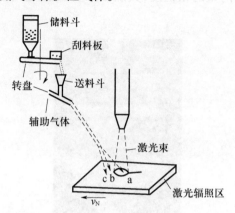

图2-22 送粉器工作原理示意图

各类送粉器的特性对比见表2-2。其中刮板式送粉器以其价格低廉、操作简单、送粉量可调范围广等优点被广泛用于激光宽带熔覆和大型工件表面修复等。

表2-2 几种送粉器特性比较

送粉器形式	原理	粉末干湿	粉末直径/μm	粉末输送率可控性
刮吸式	气体动力学	干粉	>20	不可控
螺杆式	机械力学	干、湿粉	>15	可控
转盘刮板式	机械力学	干粉	>20	可控
毛细管式	重力场	干粉	>0.4	不可控
消磨针式	气体力+机械力	干、湿粉	>1.2	不可控
转刷式	摩擦力学	干粉	>0.65	可控

随着对激光表面改性层要求的提高以及激光快速成形和激光再制造技术的迅速发展,有些单位针对现有刮板式送粉系统尚存在送粉均匀性、粉末流速度、精度以及自动化程度不够理想的问题,进行了改进和研制。

新改进的送粉器有辊轮式送粉器及基于流化床原理的沸腾式送粉器。这两种送粉器除在主要参数上略有不同外,它们共同的特点是:能长期稳定工作,能在线自动检测送粉量,并能实时调节送粉量大小,粉末流量稳定,均匀性、精度及自动化程度高等。

1) 辊轮式送粉器

(1) 结构。

辊轮式送粉器结构如图2-23所示,所用方案为气体正压送粉。粉末储存在储粉仓中,通过轴、送粉辊轮的转速调节送粉速度,粉末经过送粉漏斗及底部的管道进入送粉嘴,最后由送粉嘴喷射到激光辐射的零件加工部位。

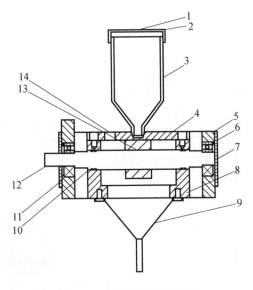

图 2-23 辊轮式送粉器结构

1—进气口;2—仓盖;3—储粉仓;4—内核上盖;5—外壳;6—轴承;7—右端盖;
8—内核;9—漏斗;10—密封圈;11—左端盖;12—轴;13—送粉辊轮;14—进气口。

该送粉器的特点在于储粉仓和内核都安装有进气口,这两个进气口通过一个三通与连接氩气钢瓶的流量计相连。这种设计可以使储粉仓和内核基本等压,不会在送粉辊轮处出现正压而导致疏松粉末被压紧的现象。通过该设计,较其他送粉器能适应更大的粉末粒度范围。通常300目以上的粉末在其他形式(刮板式、螺杆式等)的送粉器输送过程中,非常容易堵粉。而依据本方案设计的送粉器输送非常流畅、均匀。并且由于送粉均匀,该送粉器对粉末的湿度要求更低,在一般情况下粉末不需要烘干处理,可避免粉末在烘干过程中的氧化。送粉辊轮的表面均匀分布有V形槽,该V形槽用于存储将要输出的粉末,能够避免由于气体压力而导致粉末从储粉仓下端出口侧漏的现象。因此,送粉速率与送粉辊轮的转速正相关。

(2) 基于辊轮式送粉器的送粉系统构成。

辊轮式粉末输送系统(如图2-24所示,箭头方向为气流和粉末的传输方向)可分为送粉器、分配器以及同轴送粉喷嘴三部分:所用辊轮式送粉器采用特定控制策略和控制机构,通过调整电机转速、辊轮槽孔大小、气流量等,实现粉末定量输送的功能;分配器将粉末流分为均匀的几束,保障粉末流在水平圆周切面上分布的均匀性;同轴送粉喷嘴采用特殊的结构设计,实现粉末流汇聚,与数控系统一起实现粉末定点输送功能。上述设备之间采用导管连接,并用高压氩气或氮气作为粉末载气。

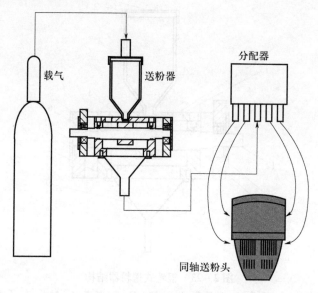

图 2-24　粉末输送系统

作为粉末输送关键设备的送粉器,其检测与控制方案及策略是保证送粉的精度和稳定性的关键因素。

(3) 送粉系统控制。

辊轮式送粉器粉末流量闭环控制系统(图 2-25)由控制器、步进电机、送粉器、放大电路、步进电机驱动器以及流量检测装置构成。其工作原理是控制器通过向步进电机驱动器发出脉冲步进信号来控制步进电机的转速从而调节

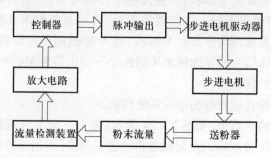

图 2-25　送粉系统闭环控制系统组成

送粉器的送粉速度,然后通过电容式流量检测装置来检测粉末流量的大小,流量传感器的检测信号经放大器调理后输送给控制器,当检测到的电压值超出一定值,控制器则会通过改变脉冲频率来控制步进电机的送粉速度。

为了使固相浓度测量少受流型的影响,采用180°螺旋表面极板构成电容式流量传感器。螺旋式表面极板是一种新型的传感器结构,如图2-26所示,由4块极板构成:源极板s,检测极板d,两边对称保护极板g,它们同时沿管道方向扭转180°。检测场发生了扭转,其灵敏度的分布特性发生了很大变化,具有相对均匀的灵敏度分布。选用内径为6mm,外径为10mm,长度为900mm的橡胶管作为试验段;电容传感器电极选用0.03mm的铜箔,电极紧贴在橡胶管的外壁上,电极外缠绕着矽胶片作为绝缘层,绝缘层外是由金属壳体作为屏蔽层。

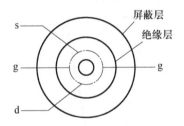

图2-26 电容极板

(4) 辊轮式送粉系统试验与分析。

为测定送粉器控制粉末输送的可靠性,以自制辊轮式送粉器,采用7.5L/min氮气输送200目Ni25粉末,并用BS-224S型电子天平(量程200g,重复精度±0.1mg)测量每分钟输送粉末的质量。在设定粉末流量在5g/min~30g/min范围内,对每一设定值进行3次测试,取3次试验的标准偏差对试验效果进行评定,试验结果如图2-27所示。试验表明,在测试范围内,送粉器输送粉末的控制精

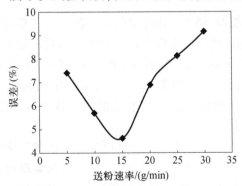

图2-27 送粉试验偏差测试

度在0.1g/min以内,送粉速率为15g/min时送粉器工作的稳定性最好。

2) 沸腾式送粉器

一种基于流化床原理的沸腾式送粉器,具有结构简单,送粉率小且可调,送粉量均匀、稳定,可输送不同粉末的特点,对激光熔覆加工有着积极意义。

图2-28为沸腾式送粉器原理图,沸腾进气1与沸腾进气2将粉末流化或者使粉末达到临界流化状态。而粉末输送管中间有一孔洞与送粉器内腔相通,当粉末流化或处于临界流化状态时,送粉进气通过粉末输送管,便可将粉末连续地输送出。其中,为使粉末能够顺利通过小孔洞进入粉末输送管中,腔内的沸腾气压应大于送粉进气的气压。

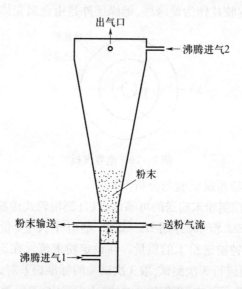

图2-28 沸腾式送粉器原理图

对于沸腾式送粉器,调节气体流量的大小便可以实现对粉末输送速率的调节;结构的紧凑性与沸腾式的送粉方式使储粉罐内粉末储藏量对送粉的影响减小;而对于不同的粉末或者是合金粉末,沸腾式送粉器也可以进行输送。

沸腾式送粉器的结构如图2-29所示,主要由储粉罐、上沸腾腔、下沸腾腔、粉末输送管、致密筛网以及振动电机组成。各个零件之间用O形密封圈与密封垫片进行密封。

此送粉器结构简单,易于拆装。上沸腾腔与下沸腾腔之间用扣环与合页配合固定,这样的结构便于下沸腾腔打开与合拢,从而实现对送粉器的清理。而在下沸腾腔下部安装振动电机。在送粉过程中,振动电机可避免粉末在管道中的堵塞现象;在清理送粉器的过程中,振动电机也可使腔体内粉末振落。致密

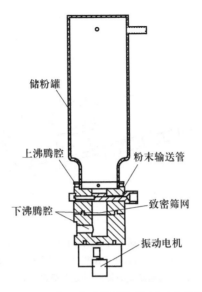

图 2-29 沸腾式送粉器结构剖面示意图

筛网将粉末隔离，使粉末储存于储粉罐和上沸腾腔之内。

沸腾式送粉器可实现 2.5g/min～20g/min 的微量送粉，其平均相对误差在 5.6% 之内，送粉均匀。通过对沸腾回路中流量大小的调节便可简单、有效地实现对送粉率的调节，并且沸腾回路气流量与送粉率有着一定的线性关系。

根据流化床原理，设计和制作了用于激光熔覆的沸腾式送粉器，并使用 Ni 基合金粉末对送粉器进行了送粉试验。研究表明，沸腾式送粉器能够满足激光熔覆加工要求，其结构简单，粉末输送连续，送粉量小、均匀且比较稳定。送粉动力主要为气体，可使用保护气对粉末进行输送，简化了激光加工设备，而通过流量的控制便可改变送粉量，因此送粉器有着良好的可控性。

2.3.2 自动送丝系统

除了送粉器外，另一种常见的喂料方式是送丝，该方式具有喂料利用率高和效率高等特点，在一定范围内得到应用。自动送丝系统由送丝盘、导向孔、电机、减速器、悬挂式连接机构、姿态调整机构、丝材矫直滚轮、送丝滚轮、导丝管和送丝嘴及自动控制系统组成，其送丝结构部件连接如图 2-30 所示，其机构整体外观如图 2-31 所示。线材侧面同步进料法示意图如图 2-32 所示。

主要参数：①送丝直径 $\phi 1mm \sim \phi 4mm$ 可调；②送丝速度：$0 \sim 800mm/min$ 可调；③送丝角度：$0° \sim 65°$ 可调。

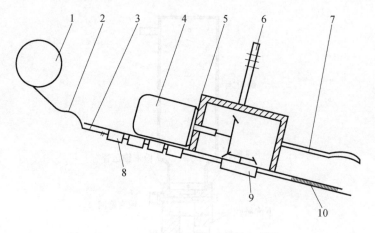

图 2-30　送丝系统结构部件连接图

1—送丝盘；2—焊丝；3—导向孔；4—电机；5—减速器；6—悬挂式连接结构；
7—姿态调整部件；8—丝材矫直滚轮；9—送丝滚轮；10—导丝管及送丝嘴。

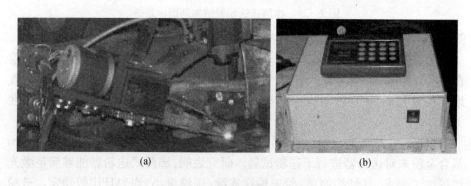

图 2-31　送丝系统整体外观图

(a) 送丝系统装置；(b) 控制器。

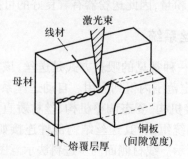

图 2-32　线材侧面同步进料法示意图

激光送丝表面改性技术与送粉改性相比具有以下特点：

（1）生产效率高，一次熔覆厚度可达2mm，容易实现大面积厚熔覆修复或升级金属零件。

（2）材料利用率高，易实现选区改性，节省熔覆材料。

（3）容易实现铁基材料的熔覆，成本较低，易于推广应用。

（4）可实现侧壁、内壁的激光熔覆。

（5）适用于大批量激光熔覆制造领域。

作为表面改性的关键技术之一的激光送丝堆焊技术，在重要零件的修复中起到独特的作用。例如在45钢上用大功率CO_2激光束和自动送丝机构进行激光堆焊工艺试验，结果显示，优化的工艺范围为比能量$E_s = 100J/mm^2 \sim 130J/mm^2$、送丝速度应高于激光扫描速度（$\Delta v = 1.5mm/s \sim 2.5mm/s$）；与氩弧堆焊相比激光堆焊层组织明显细化，硬度提高70%，过渡区狭小，激光堆焊层显微组织随激光比能量E_s增加而逐渐粗大，同时，热影响区易出现过热组织；激光堆焊层体现出良好的抗磨性能，比高速钢的耐磨性提高42.6%。

2.4 激光表面改性质量监控系统

2.4.1 温度检测与反馈控制系统

准确测量激光改性过程中加热区的温度，对实时监控表面改性层状态，从而反馈调整工艺参数，确保改性层质量是至关重要的。但在激光表面改性过程中，零件表面几何形貌的变化、改性层厚度的偏差、运动机构振动及其他环境因素都可能造成测温仪检测时的离焦和偏心，影响测温的准确性。

采用随动聚焦测温的方法，解决了激光表面改性过程中加热区温度测量不够真实的问题。随动聚焦测温原理如图2-33所示，根据超声测距仪预先测得工件待进行激光改性表面平面度变化情况，通过移动平台动态调整激光聚焦头和红外测温仪的位置，保证激光聚焦头和红外测温仪聚焦头与加热区保持恒定焦距，同时，针对可能存在的加热区中心的偏移，使摆动平台带动测温仪在加热区做动态平面扫描，重新标定加热区中心，以此保证测温仪聚焦和取样点的准确性，确保温度测量的真实性。

2.4.2 激光表面改性成套设备在线质量控制与集成

影响激光表面改性质量因素众多，激光功率、扫描速度、送粉或送丝速度、加热区的微小波动等都会引起表面改性层质量的不稳定，因此为了确保改性层

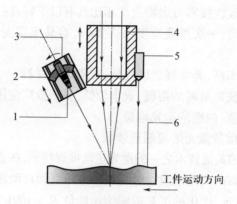

图 2-33 随动聚焦测温原理图

1—红外测温仪；2—摆动平台；3—移动平台；4—聚焦头；5—超声测距仪；6—工件。

的高质量,在线监控装置必不可少。浙江工业大学自行研制出一套激光表面改性在线监控系统,将多种影响因素的参数统一自动控制,并实时监控。

激光表面改性成套装置在线质量监控系统原理如图 2-34 所示。系统通过红外测温仪测量加热区的温度,经信号调理器将信号调制后,通过数据采集卡将数据采集进入控制主机,主机的控制软件根据测温仪检测到的温度与实际需要控制的工艺参数对照,调节激光功率的输出与送粉或送丝的进给量,从而使预先设定的工艺参数经调整符合激光表面改性实际的需要。

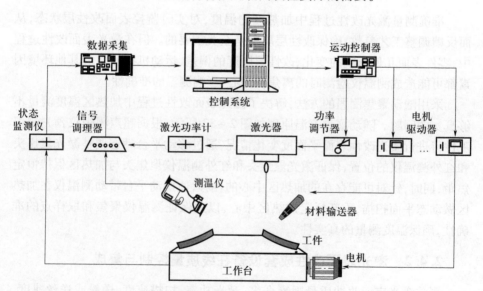

图 2-34 激光表面改性成套装置在线质量监控系统原理

激光表面改性监控系统中涉及的主要检测与控制参数的信息与调制规范如下：

测温仪 $\xrightarrow{4mA\sim20mA}$ 信号调理器 $\xrightarrow{0\sim5V}$ 数据采集卡 —→ 工控机

工控机 $\xrightarrow{转数}$ 数据采集卡 $\xrightarrow{脉冲调制}$ 驱动电器 $\xrightarrow{脉冲电流}$ 步进电机 $\xrightarrow{功率检测}$ 数据采集卡 —→ 工控机

工控机 $\xrightarrow{功率}$ 数据采集卡 $\xrightarrow{0\sim5V}$ 驱动电路 $\xrightarrow{放大电流}$ 激光器

基于上述原理,研发出激光表面改性在线质量监控系统平台如图 2 - 35 所示。

图 2 - 35　激光表面改性在线质量监控系统平台

该平台将图 2 - 34 所提到的系统功能集于一体,以一体化工业控制工作站为主体操控单元实现监控系统的主要参数检测与控制,同时操控面板提供按钮开关与数码管显示屏,方便手工调节工艺参数与重要参数的显示。

通过红外测温仪、自动喂料系统、激光器、激光功率计、导光聚焦系统、运动机构等系统联调与集成,并开发了检测与控制软件界面,如图 2 - 36 所示,实现了激光表面改性成套设备集成与在线质量监控。

所开发的激光表面改性成套设备构成如图 2 - 37 所示。包括：①用于动态熔池温度检测的随动测温仪；②实现改性过程检测与控制的监控系统；③光束整形的专用聚焦镜；④保证材料稳定输送的粉末输送与检测装置(包括送粉器、流量传感器与送粉头)。

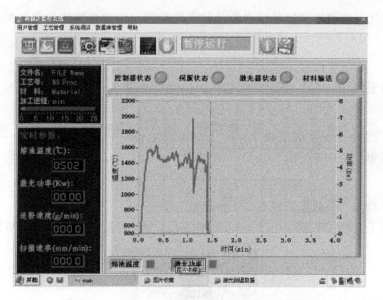

图 2-36 激光表面改性参数检测与控制软件界面

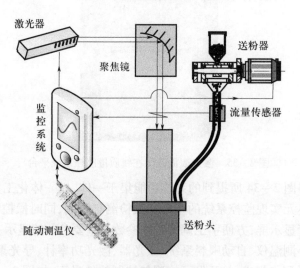

图 2-37 激光表面改性成套设备构成总图

参 考 文 献

[1] 王家金. 激光加工技术[M]. 北京:中国计量出版社,1992.

[2] 关振中.激光加工工艺手册[M].北京:中国计量出版社,1998.

[3] 曹银花,刘友强,秦文斌,等.光束质量超过全固态激光器的千瓦直接半导体激光器[J].中国激光,2009,36(9):2282-2285.

[4] 张军,潘玉寨,胡贵军,等.高功率光纤激光器的应用与展望[J].半导体光电,2003,24(4):222-226.

[5] 陈晓燕.高功率光纤激光器的研究及应用[J].光纤光缆传输技术,2008,3:15-18.

[6] 姚纯.激光熔覆实体快速成形及送粉系统研究[D].镇江:江苏大学博士学位论文,2006.

[7] 姚建华.激光再制造粉末输送流量检测系统设计[J].激光技术,2009,33(6):568-570.

[8] 贺昌玉,邓前松.激光熔覆送粉自动控制装置研究[J].中国激光,2004,31(增刊):368-370.

[9] 陈智君.激光绿色再制造丝材输送系统研究与应用[D].杭州:浙江工业大学硕士学位论文,2006.

[10] 骆芳,刘新文,姚建华.激光送丝堆焊工艺参数对堆焊层组织性能的影响[J].应用激光,2004,24(4):207-212.

[11] 姚建华,刘新文,张群莉,等.基于绿色再制造的多层激光送丝堆焊[J].应用激光,2005,25(2):84-87.

[12] 胡晓冬,姚建华,陈智君,等.气力输送粉末的流量检测传感器.中国:200910100231.9[P].2010-01-06.

[13] 张毅.激光三维再制造中输送系统控制的研究[D].杭州:浙江工业大学硕士学位论文,2009.

[14] 张毅,姚建华,胡晓冬,等.激光再制造粉末输送流量检测系统设计[J].激光技术,2009,33(6):568-570.

[15] 胡晓冬,姚建华,陈智君,等.激光熔覆制造中的粉末输送检测与控制技术[J].红外与激光工程,2010,39(1):129-132.

[16] 董辰辉,姚建华,胡晓冬,等.激光熔覆载气式同轴送粉三维气流流场的数值模拟[J].中国激光,2010,37(1):261-265.

[17] 姚建华,周正强,郑晓晔,等.一种激光再制造电容式粉末流量测量系统.中国:200910101275.3[P].2009-07-27.

3 激光相变硬化表面改性技术与应用

3.1 激光相变硬化表面改性工艺及特性

3.1.1 激光相变硬化表面改性工艺

在激光相变硬化过程中，影响硬化效果的因素很多，大体可分为三大类：激光表面改性成套设备、工件基体材料及原始状况、激光相变硬化工艺参数。激光成套设备的影响主要包括激光束模式（基模、低阶模、多模）、模式稳定性、振荡方式、光斑形状、光斑能量密度分布状态、波长、输出功率的稳定性、光束的发散角、光束及工件运行的稳定性、各种工艺参数检测的精度及在线监控的能力等。一般当激光表面改性成套设备选定后，上述参数就基本确定。工件原始状态的影响包括材料的化学成分、几何形状和尺寸、表面状态及原始组织等。激光硬化过程工艺参数的影响主要包括光斑形状和尺寸、功率输出、扫描速度及表面预处理状态等。本节仅讨论影响硬化效果的三大因素中的最后一类。

激光硬化工艺参数主要是激光器输出功率、扫描速度和作用在材料表面上光斑尺寸的大小,三者的综合作用直接反映了硬化过程的温度及其作用时间。从激光硬化层深度与三个主要参数的关系可以看出各参数的作用。

$$激光硬化层深度(H) \propto \frac{激光输出功率 P}{光斑尺寸 D,扫描速度 v} \qquad (3-1)$$

从式(3-1)可以看出,激光硬化层深正比于激光输出功率,反比于光斑尺寸和扫描速度。作用于工件表面的功率密度和照射时间是影响激光硬化质量的决定因素,三者可互相补偿,经适当的选择和调整可以获得最佳硬化效果。

激光功率密度取决于激光器输出功率作用于材料表面的有效功率和光斑尺寸的大小,光斑尺寸是由调整聚焦镜至工件表面的距离而获得的。激光功率密度 W 等于平均光斑面积 S 上的激光功率 P,即 $W=\dfrac{P}{S}$。因此在指定激光硬化工艺参数时,必须首先确定三个参数:激光功率、光斑尺寸和扫描速度。

1) 激光功率

从式(3-1)看出,在其他条件一定时,激光功率越大,所获得的硬化层越深,或者在要求一定深度的情况下可获得面积较大的硬化层。对于在相同激光功率条件下,光束的模式对硬化层均匀性影响较大,如:光强呈高斯模式分布时,光斑中心能量密度高于光斑边缘,造成硬化层深浅不一,甚至出现局部熔化现象。因此,应选多模输出的激光器,或对光斑模式进行处理,使其能量分布均匀。

2) 光斑尺寸

光斑尺寸是靠调整聚焦系统的离焦量而实现的,因而也有在工作中以离焦量作为工艺参数的。在相同光斑尺寸的情况下,工件表面可处于焦点内侧(负离焦)或外侧(正离焦)。工件表面处于负离焦位置,由于工件与聚焦镜距离短,镜片易被溅射物污染,且不易操作、调试和观察,因此一般都选用正离焦确定光斑大小。

光斑尺寸大小直接影响硬化层的带宽,当激光功率和扫描速度相同时,光斑尺寸越大,功率密度越低,硬化层就越浅;反之,光斑尺寸越小,功率密度越高,硬化层就越深。

3) 扫描速度

扫描速度直接反映激光束在工件表面上的作用时间,在激光功率一定和其他条件相同时,扫描速度越低,激光在工作表面作用的时间就越长,温度就越高,硬化层就越深;反之,扫描速度越快,硬化层就越浅。

除上述三个基本参数外,硬化带的扫描图形和硬化与非硬化面积的比例以及硬化带的宽窄均对工件的硬化效果有一定的影响。

硬化带的扫描图形通常有直线型、螺旋型、正弦波型、交叉网络型、圆环型和大面积硬化型等。这些图形与工件的使用状态有着直接关系,应根据工件的工况条件进行选择。

硬化与非硬化面积比例和硬化带的宽窄也是由工件使用情况确定,一般对磨粒磨损工件选择硬化面积为 20% ~ 40% 便可满足使用要求。当然不能一概而论,要视具体工况条件而定。

此外还需注意辅助气体的保护作用。为防止各种光学零件的污染,在激光硬化过程中需通压缩空气(便宜)或 N_2 气保护。对易氧化工件的表面应通 Ar 气或 N_2 气保护。

在选择激光硬化工艺参数时,首先要分析被硬化工件的材料特性、使用条件、服役工况,以便明确技术条件和产品质量要求,从而确定硬化工艺类型、硬化层的硬度、深度和宽度,并由此考虑选用宽带或窄带光束和扫描的图形及位置等。其次根据工件的形状、特点,参考已做过的试验或专家系统中预定工艺参数范围,选上、下及中限参数在工件非工作部位进行校验,比较硬化后的表面状况和硬度(大件可用手提式硬度计测量),便可确定最佳工艺参数。与此同时,不应忽略表面预处理和保护气体的影响,此外,还需考虑工艺的可操作性、生产效率及成本核算和经济效益等因素。

金属材料表面对激光辐照能量的吸收能力与激光波长、材料的温度及材料表面状态密切相关。激光波长越长,材料的吸收能力越低。随着温度的升高,材料的吸收能力增加。工件表面粗糙度越小对激光的反射率也越高。因而当激光波长确定后,金属材料表面对激光的吸收能力主要取决于其表面状态,一般需激光表面硬化的工件都在机械加工后进行,其表面粗糙度很小,它对激光的反射率可达 80% ~ 90%,使大部分激光能量被反射掉,影响激光硬化的效果。为了提高金属表面对激光的吸收率,在激光硬化前要进行表面预处理,即在需要激光硬化的工件表面涂上一层对激光有较高吸收率的涂料。

1) 激光涂料的技术性能要求

① 对激光有高的吸收率,一般至少在 80% ~ 90%。

② 涂敷工艺简单,涂层要求薄而均匀。

③ 涂层要有良好的热传导性能,与金属附着性好,在一定温度下不分解、不气化。

④ 有良好的防锈作用,处理后容易清洗去除或不需清洗就能装机使用。
⑤ 涂层材料来源方便,价格便宜。
⑥ 易于工业化生产和使用。
⑦ 易于存放,无毒、无害。

2) 预处理的材料和涂覆方法

预处理常用的方法是磷化法和喷(刷)涂料法。

磷化处理是很多机械工件加工的最后一道防锈工序,这种磷化层能满足上述对吸光涂料的七点性能要求。磷化法分为高温磷化(90℃~98℃)、中温磷化(55℃~70℃)和室温磷化(约25℃)。在激光硬化过程中,因工件材料不同、激光硬化工艺不同,三种磷化方法得到的预处理层对激光吸收率各不相同,一般认为高温磷化和中温磷化对激光硬化效果更好一些。

磷化溶液的配方有多种,常用各类磷化溶液成分见表3-1。

表3-1 常用各类磷化液成分　　　　　　　　　　单位:g/L

成分名称		高温磷化			中温磷化			室温磷化		
		1	2	3	4	5	6	7	8	9
磷酸二氢(锰铁盐)[$XFe(H_2PO_4)_2 \cdot YMn(H_2PO_4)$]		30~40	—	30~40	30~45	—	30~40	40~65	—	—
磷酸二氢锌[$Zn(H_2PO_4)_2 \cdot 2H_2O$]		—	30~40	—	—	30~40	—	—	60~70	50~70
硝酸锌[$Zn(NO_3)_2 \cdot 6H_2O$]		—	55~65	30~50	100~130	80~100	80~100	50~100	60~80	80~100
硝酸锰[$Mn(NO_3)_2 \cdot 6H_2O$]		15~25	—	—	20~30	—	—	—	—	—
亚硝酸钠($NaNO_2$)		—	—	—	—	—	1.2	—	—	0.2~1
氟化钠(NaF)		—	—	—	—	—	—	3~4.5	3~4.5	—
氧化锌(ZnO)		—	—	—	—	—	—	4~8	4~8	—
控制指示	游离酸度"点"	3.5~5	6~9	10~14	6~9	5~75	4~7	3~4	3~4	4~6
	总酸度"点"	36~50	40~58	48~62	85~110	60~80	60~80	50~90	70~90	75~95
	Zn^{2+}	—	6.5~11	18.5~23	20~27	23~30	18~22	10~20	23~30	—
	Mn^{2+}	8.5~12	5.7~7.5	—	9~14	—	5.5~8	7~11	—	—
	Fe^{2+},Fe^{3+}	≤0.5	≤0.5	≤0.5	1~3	—	0.5~2	0.5~2	0.5~2	—
	P_2O_3	14~19	14~19	14~19	14~25	14~20	14~20	18~28	25~30	—
	NO_3^-	6.5~11	12.5~21	22~27	50~70	34~42	34~42	20~40	22~30	—

磷化的工艺过程包括脱脂、除锈、表面活化、磷化、封闭钝化处理和干燥等。磷化膜质量检查主要是宏观检查,要求磷化膜厚度应足以完全保护住金属表面,不得有锈迹和未磷化的空点,磷化层晶粒致密,呈浑灰色(黑色)或浅灰色,这取决于磷化液的类型和工件材料的性能。

除了磷化液之外,不少单位仍在不断地开发出新的配方和品种。如纳米氧化物吸光涂料,其对 CO_2 激光的吸收率≥94%;又如微米 WC + 稀土氧化物、石英砂 + 稀土氧化物、纳米 SiO_2 + 稀土氧化物、纳米碳管、纳米 Al_2O_3 等配方,对钢和铸铁在相同条件下研究激光硬化处理后预处理的效果。结果表明,上述诸多配方预处理效果均优于炭黑涂料,其中微米 WC + 稀土氧化物涂料对钢表面预处理效果最优,而纳米 SiO_2 + 稀土氧化物涂料对铸铁表面预处理效果最优。

涂料的吸光能力一般都较高,大部分涂料吸光率都在 80% ~ 90% 以上,见表 3 - 2。

表 3 - 2 部分涂料在金属材料上对 CO_2 激光的吸收率

涂料	15MnVN	合金铸铁	42CrMn	20钢	T10	20Cr	不锈钢	铝合金	备注
非常粗糙加工面				23.3	45.3	16.7	68.4		
磨加工面 0.8∇	11	15	9						
抛光面				4	19.4	6	23.5		
高温磷化(磷酸锰铁)	96	96	95						98℃ ~ 100℃
中温磷化(磷酸锰铁)	50	70	88						55℃ ~ 700℃
室温磷化(磷酸锌)	65	72	78						约25℃
室温磷化(磷酸锌)	60	56							17℃
中温磷化(磷酸锌)			99						55℃ ~ 70℃
高温磷化(磷酸锌)	98	98	98						98℃ ~ 100℃
刚玉粉	91								
石墨	95	92	93						
乌光漆	91	89	94						
碳素墨汁	91	91	92						
普通墨汁		82	82						
氧化锆				90.1	92.1	80.2	89.6		
氧化钛				89.3		89.3			
磷酸锰				89.3		88.3			

(续)

涂料	吸收率/%							备注
	15MnVN	合金铸铁	42CrMn	20钢	T10	20Cr	不锈钢	铝合金	
氧化铝								81.9	
炭黑				67.3	83.3	78.9	83.8		
磷酸镁					80		80		
Fe₂S₃							80		

在众多涂料中,有的配方简单,有的复杂,但都具有提高对激光吸收率的效果。在涂料领域,基于各国及各生产厂家的技术需要,一般都不将配方公之于众。

涂料由骨料、黏结剂、稀释剂和附加剂组成,并通常以骨料的名称作为涂料的名称,常用的骨料有石墨、炭黑、活性炭、磷酸铝等。黏结剂多采用各种树脂及水玻璃。稀释剂一般为易挥发的物质,如无水酒精、香蕉水和乙酸乙酯等。

喷(刷)涂使用方法简单,操作方便,除可采用于较大规模生产外,还可手工刷涂用于零星少量临时需激光表面硬化的工件。

3.1.2 激光相变硬化表面改性技术特性

激光相变硬化与常规硬化处理工艺相比,其发展历史很短,但从该技术的特性和实际使用效果来看,它却是某些传统表面强化技术无法比拟的,该技术的主要特性如下:

(1) 激光对工件表面的高速加热和高速冷却,加热速度可达 $10^4℃/s \sim 10^6℃/s$,冷却速度可达 $10^4℃/s \sim 10^8℃/s$,有利于提高扫描速度及相应的生产效率。

(2) 激光相变硬化处理后工件表面硬度高,通常比常规淬火高 15%~20%,铸铁件经激光相变硬化后耐磨性可提高 3 倍~4 倍,可获得极细的硬化层组织。硬化层深度与加热时间的平方根成正比,通常为 0.3mm~0.5mm,如采用更大激光功率和特殊的冷却措施,硬化层深度可达 1mm~3mm。

(3) 由于激光加热速度快,因而热影响区小,变形小。一般认为激光相变硬化处理几乎不产生变形,或变形量可以忽略不计。激光相变硬化可以使表面产生大于 4000MPa 的压应力,这有助于提高工件的疲劳强度。

(4) 可以对形状复杂和不能用常规方法处理的工件进行局部硬化处理,如小孔、盲孔、深孔以及腔筒内壁等特殊部位,只要是光束能照射到的部位均可进行处理。也可以根据需要在同一个工件上的不同部位进行不同的硬化处理。

(5) 激光相变硬化工艺周期短,生产效率高,工艺过程易实现计算机控制,自动化程度高,可纳入生产流水线。

（6）激光相变硬化靠热量由表及里的传导自冷,无需冷却介质,对环境无污染。

以上这些特性不仅常规热处理工艺望尘莫及,而且也是某些先进的热处理工艺难以达到的,但这并不意味着激光相变硬化处理可以全部取代其他表面热处理技术。作为一种表面局部硬化处理工艺,激光相变硬化处理因其独特的优势,一般适用于其他硬化技术所不能完成或难以实现的某些工件及其局部某个部位的表面硬化改性处理,除了要严格控制好工艺参数外,设备投入也相对较大。

3.2 激光相变硬化机理

激光相变硬化是局部的急热急冷过程。由于加热速度快,表面升温速度可达 $10^4℃/s \sim 10^8℃/s$,使材料表面迅速达到奥氏体化温度,原材料中珠光体组织通过无扩散转化为奥氏体组织,随后通过自身热传导以 $10^4℃/s \sim 10^8℃/s$ 的速度快速冷却,奥氏体组织通过无扩散过程转化为细小的马氏体组织。这是由于激光超快速加热条件下,过热度大,造成相变驱动力很大,奥氏体形核数目急剧增加。它既可在原晶界和亚晶界成核,也可在相界面和其他晶体缺陷处成核,而在快速加热的瞬间奥氏体化使晶粒来不及长大,在马氏体转变时,必然转变成细小的马氏体组织;另一方面,激光快速加热,使扩散均匀化来不及进行,奥氏体内碳及合金元素浓度不均匀性增大,奥氏体中含碳量相似的微观区域变小,在随后的快速冷却条件下,不同的微观区域内马氏体形成温度有很大差异,这也导致了细小马氏体组织的形成和残余奥氏体量的增加。此外,由于碳在奥氏体中的含量来不及扩散而滞留,随着奥氏体向马氏体转变,获得高碳马氏体,提高了硬度。激光相变硬化后的马氏体组织为板条状马氏体和孪晶马氏体组织,位错密度极高,可达 $10^{12}/cm^2$,其表面呈压应力状态,有利于提高耐疲劳性能。

总之,激光相变硬化的机理是由于激光作用在金属工件表面发生了超快速相的转变,使其表面出现晶粒细化、马氏体高位错密度、碳的固溶度高等现象,从而获得高硬度。

3.3 激光表面固溶强化

3.3.1 激光固溶强化机理

固溶强化是人们最早研究的强化方法之一。C 原子的间隙固溶强化是钢铁材料中最经济、最有效的强化方式,大部分结构钢通过淬火—低温回火的热处理方法获得高强度和高硬度,其本质的强化方式主要是 C 原子的间隙固溶强化。除了 C 原子,其他合金固溶原子的固溶强化在钢中也得到十分广泛的应用。

固溶强化的主要微观作用机制是弹性相互作用,该作用是一长程作用。溶质原子进入基体晶体点阵中,将使晶体点阵发生畸变,畸变产生弹性应力场,对称畸变产生的应力场仅包含正应力分量,而非对称畸变产生的应力场既有正应力分量也有切应力分量。该弹性应力场与位错周围的弹性应力场将发生相互作用,由于刃型位错的弹性应力场既有正应力分量也有切应力分量,而螺型位错的弹性应力场主要只有切应力分量,这就使得产生对称畸变的溶质原子仅与刃型位错有较大的相互作用,而与螺型位错的相互作用甚小;而产生非对称畸变的溶质原子与刃型位错和螺型位错均有较大的相互作用。弹性相互作用的一个重要结果是产生气团,即为了减小系统的相互作用,溶质原子将移向位错线附近,小于基体原子的置换溶质原子倾向于移向位错线附近的受压位置,而大于基体原子的置换溶质原子和间隙溶质原子倾向于移向刃型位错线附近的受张位置,由此形成 Cottrell 气团(柯氏气团);而非对称畸变的间隙溶质原子与螺型位错的切应力场相互作用,使其移动到应变能较低的间隙位置产生间隙固溶原子的局部有序化分布,则形成 Snoek 气团(史氏气团)。一旦溶质原子在位错周围形成稳定的气团后,该位错要运动就必须首先挣脱气团的钉扎(非均匀强化),同时还要克服溶质原子的摩擦阻力(均匀强化),由此使材料的强度提高。溶质原子与位错间还会产生模量相互作用、电相互作用、层错相互作用(形成 Suzuki 气团)和有序化相互作用(包括短程有序和长程有序),这些作用也都将导致位错运动的阻力增大从而使材料强化。此外,溶质原子之间的相互作用也对固溶强化有一定的贡献。

激光固溶强化处理即采用激光作为热源,通过激光对材料表面的辐照使其快速升温,在此过程中材料内部各合金元素快速溶解,然后快速冷却得到过饱和固溶体,完成固溶过程。激光固溶后的材料通常需经过时效处理使部分合金元素及强化相沉淀析出,进一步增强材料的强度。激光固溶强化适合于某些低碳高合金不锈钢,由于其较高的铬含量,加热时不出现 γ 相,此类合金为单相铁素体合金,采用任何热处理方法也不能产生马氏体,因而不能像马氏体钢那样通过淬火等手段获得硬化。通过激光固溶可以使之快速完成固溶过程,免去了传统固溶长时间保温的步骤,节能降耗,适应现代工业优质、高效、可持续的要求。

3.3.2 激光表面固溶强化工艺及特性

激光表面固溶强化是一种以激光作为热源替代传统炉中加热的固溶强化方式,使材料无需长时间保温,在急热急冷的环境中迅速完成固溶的强化方法。通常还需要时效处理作为激光固溶强化的配套工艺,使材料性能进一步增强。

激光表面固溶强化工艺的技术参数主要有激光功率、光斑尺寸、扫描速度、搭接率等。激光固溶需要使激光保持在一个相对适宜的功率密度下进行,过大的功率密度加热材料使材料表层熔化重结晶,既损坏了原工件的尺寸及表面粗糙度,又改变了表层组织,影响其性能;而过小的功率密度无法使合金元素溶解在晶体内部获得过饱和固溶体,起不到固溶的作用。在激光功率密度一定的条件下,在保证材料不熔化的要求下,扫描速度越慢,固溶层深度越大;扫描速度一定,固溶层深度随功率密度的增加而增大,如图3-1所示。

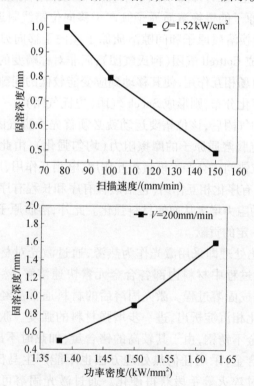

图3-1 矩形光斑下扫描速度和功率密度对固溶层深的影响

因此为了保证激光辐照时有足够的时间使材料完成固溶过程,通常选用面积较大的光斑来进行固溶处理,以达到较好的固溶效果。

相比传统的固溶处理方法,激光表面固溶在处理零部件表面浅层强化时具有无法比拟的优势。

(1) 对于某些不能通过淬火处理来获得硬化的材料,激光固溶强化处理可以迅速在材料表层完成固溶过程,形成固溶层,节省加工时间,提高生产效率。

(2) 对于某些只需要提高表层硬度、耐磨性等性能的零部件,如轴类零件、轧辊等,不需要在炉中长时间保温加热,既节省了时间节约了能源又使材料不至在整体加热时发生变形,保证了零部件的尺寸精度。

(3) 对材料的形状、尺寸无特殊要求,操作灵活,可实现选择性强化处理,易于实现自动化。

3.4 激光相变硬化的计算机模拟

3.4.1 激光相变硬化的计算机模拟

相变硬化的计算模拟技术始于20世纪60年代末,此后得到迅速发展,受到各国热处理界的高度重现。尤其随着计算机的快速发展,热处理的数值模拟已取得了巨大成就,为计算机模拟在材料热处理中的应用奠定了坚实基础。在此基础上,国内许多大学先后开展了激光相变硬化的计算模拟研究,其中上海工程技术大学开发的激光相变硬化模拟软件是用非稳态数学模型,除了考虑激光器的功率、光束几何形状与功率分布、扫描速度等工艺参数外,还考虑了表面对激光的吸收率和钢的导热系数为温度的函数、涂层与金属表面之间的热传导、相变潜热对温度场的影响等因素,模拟了激光束扫描过程中非稳态—准稳态—非稳态的变化,给出三维温度场图形,显示相变硬化区、热影响区的形状和尺寸,计算机模拟结果与红外线热像仪的测试结果吻合较好。大连理工大学基于有限元法,建立轴对称工件激光相变硬化过程的非稳态温度场计算的数学模型,综合考虑了各种热物性参数随温度的变化及材料的传热、材料的相转变等多方面的特点,对轴对称工件的激光相变硬化有一定实用价值。

3.4.2 人工神经网络在激光相变硬化中的应用

人工神经网络是在研究生物神经系统的启发下发展起来的一种信息处理方法,建立在学习过去经验的基础上。因而学习好的网络不需要建立其他任何数学模型,便能处理模糊的、非线性的、含有噪声的数据,可用于预测、分类模式识别、非线性回归、过程控制等各种数据处理场合。然而,神经网络在激光相变硬化中的应用研究起步较晚,目前尚处于应用和开发的初级阶段,且多集中在前馈网络、BP网络算法上,离工业实用阶段还有一定的距离。国内在这一领域有一定研究的单位有北京工业大学、江苏大学、五邑大学等。其中,北京工业大学将人工神经网络与遗传算法的混合智能技术引入激光相变硬化领域,为今后解决激光相变硬化工艺优化设计提供了一条先进、合理的途径。

3.5 激光相变硬化专家系统

3.5.1 专家系统基本结构

不同的专家系统,其功能与结构都不尽相同,但一般都包括人机接口、推理机、知识库及其管理系统、数据库及其管理系统、知识获取机、解释器六个部分。

3.5.2 专家系统正向推理的设计与使用实例

正向推理即从已知材料的基本情况和加工工艺参数出发,对加工结果进行推理,它包括被处理材料的平均硬度、最高硬度、硬化层深度以及表面状况。其正向推理的程序结构图如图3-2所示。

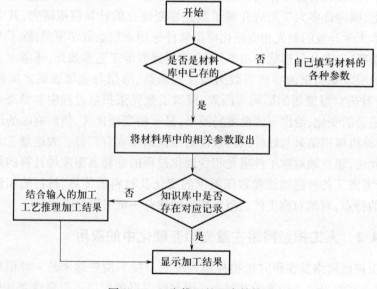

图3-2 正向推理的程序结构图

以 40Cr 为例,使用正向推理的结果如图 3-3~图 3-5 所示。

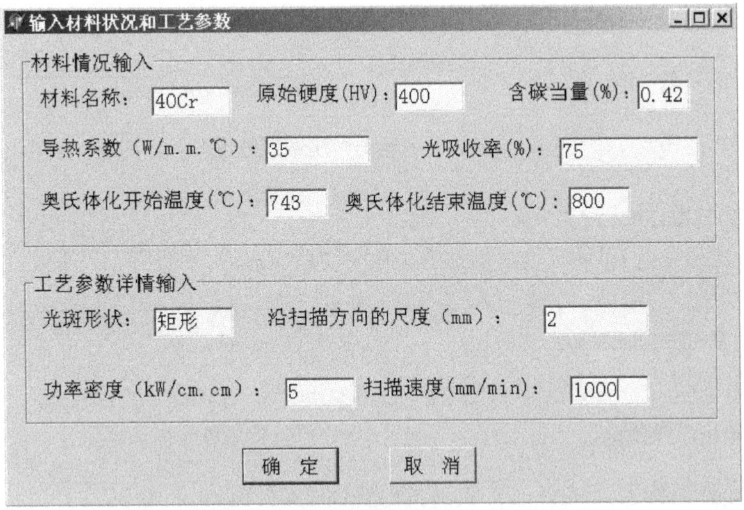

图 3-3　材料基本情况输入界面

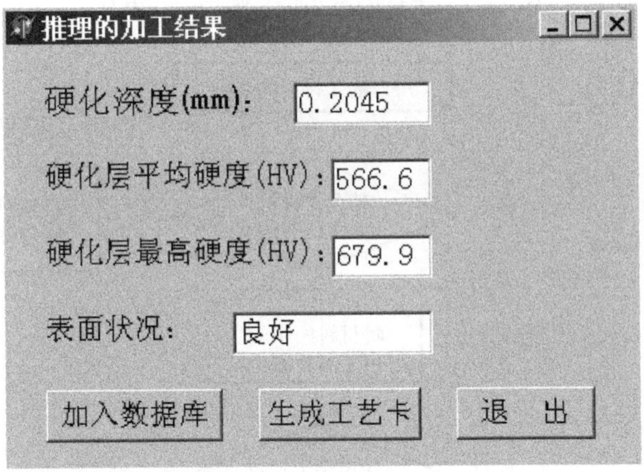

图 3-4　推理的加工结果

3.5.3　专家系统逆向推理的设计与使用实例

逆向推理是由果索因,即由激光相变硬化的结果,推出应选用的激光工艺参数。以 45 钢为例,如图 3-6~图 3-8 所示。

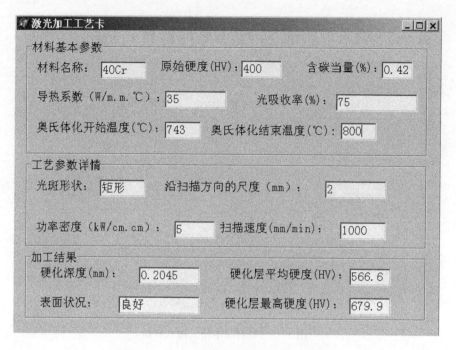

图 3-5 生成的激光相变硬化工艺卡片

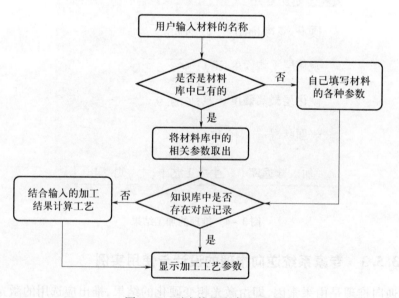

图 3-6 逆向推理程序流程

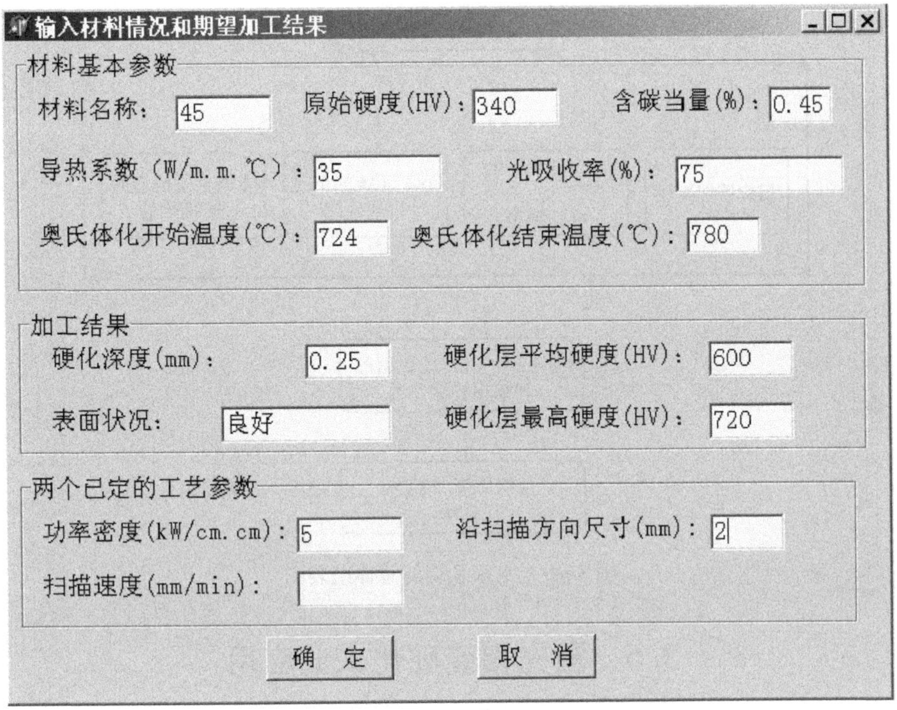

图3-7 已知材料情况和预期结果界面

图3-8 推理出的激光扫描速度

3.5.4 专家系统的集成

组装专家系统的原则是使系统可以没有缝隙地连接,各个组件之间可以协调工作,只有这样的专家系统才可能按照既定目标进行运行。其组装图如图3-9所示。

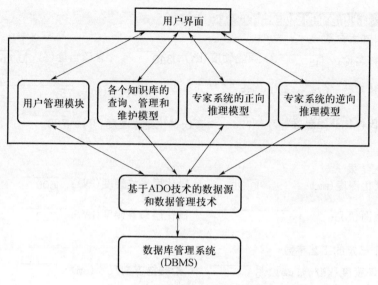

图 3-9 专家系统的总体组装图

3.6 激光相变硬化工业应用

激光相变硬化表面改性技术,适用于不要求整体淬火或其他方法难以硬化的工件,以及形状复杂或需进一步提高硬度、耐磨等性能的工件。

3.6.1 可进行激光相变硬化的工件分类

(1) 平面类。这类工件主要包括各类导轨、刀片、大型锯片、弹性联轴节主簧片及板状剪切刀等。

(2) 圆环类。这类工件主要包括活塞环、汽缸涨圈、汽室涨圈、油封座、进气门、排气门、缸盖座口、阀座及各类轴承环等。

(3) 套筒类。这类工件有汽车、拖拉机、船舶等发动机缸盖或缸体、气阀导管、电锤套筒、各类衬套和泵筒等。

(4) 轴类。这类工件主要是各种轴类、长杆导柱等,在其轴面或轴肩处进行激光相变硬化表面改性,可提高硬度和耐磨性能。

(5) 异型类。这类工件品种较多,如齿轮、模具、叶片、针布、钟表的擒纵叉、发动机飞锤、铣刀、离合器连接件、花链套、汽轮机叶片等以提高硬度和耐磨性为主的工件。

（1）黑色金属类。包括各种牌号铸铁、碳钢（高碳、中碳、低碳）、低合金高强度钢、高合金钢、工具钢、轴承钢、不锈钢、弹簧钢和高速钢等。这类工件激光相变硬化效果明显，推广应用面广。

（2）有色金属类。包括铜合金、铝合金、镁锂合金、钛合金等。这类工件激光相变硬化效果不太明显，大部分无固态相变，影响了推广应用，尚需进一步研发。

3.6.2 激光相变硬化工业应用实例

激光相变硬化表面改性技术用于黑色金属工件，目前已基本成熟。上节所提到的可进行激光相变硬化的各类形状和各种黑色金属材料的工件，先后对它们做了大量研发及应用推广工作，成效显著。

下面针对目前仍在生产线上进行大批量生产的工件列举数例。

齿轮是应用最广、数量极大的通用机械零件之一。硬齿面齿轮具有较高的疲劳强度、耐磨性和使用寿命，是齿轮的重要发展方向，并已得到广泛的实际应用。目前国内外多采用火焰淬火、高频淬火、渗碳淬火、氮化和碳氮共渗等热处理方法。但是，它们共同的缺点是齿轮变形较大、硬化层不够均匀、硬化带分布不可控。为此不得不增加硬化层厚度和磨齿工序，加大了齿轮制造成本。对一些特殊形状的齿轮（如薄壁齿轮、内齿圈等），即使采用磨齿也无法解决"齿体"变形问题，而内齿圈又无法磨齿。所以，用常规表面热处理方法出现变形和硬化带分布不可控问题，已成为困扰硬齿面齿轮技术发展的关键性难题。随着多年来对激光相变硬化齿面工艺研究的不断进步和创新，这个关键性难题已圆满解决。

1）激光相变硬化齿面工艺研究及成果概况

20世纪80年代初，国内有关高校如上海海运学院等，就开始进行齿轮激光相变硬化的研究，包括：激光处理工艺参数的确定与控制，激光处理齿轮的变形机理及控制，齿轮背面回火问题及避免方法，齿面硬化层金相组织硬度、层深研究，轮齿硬化带分布及控制方法，激光处理齿轮的耐磨性、疲劳强度及使用寿命研究等。与此同时研制出多种专用激光处理齿轮的设备，并发表了几十篇有关研究论文。

研究结果表明，齿轮的激光热处理，不但解决了常规热处理的难题，而且具有明显的特点和优势，为获得硬齿面齿轮提供了全新的手段和方法。激光热处理齿轮，其齿面硬度比常规方法高出10%~20%，相变硬化层深可控制在

0.2mm～1.5mm,硬化层金相组织为极细的针状马氏体。齿面两侧硬度一致(硬度差可控制在<3HRC),处理后变形极小,可控制在微米级,即可保持热处理前原齿轮的精度,无需再磨齿,可直接装机使用。齿轮的硬化带分布可控,形状合理,符合齿轮疲劳强度要求,可使节圆处硬化层最厚,齿顶、齿根处较薄,如图 3-10 所示。

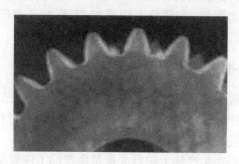

图 3-10　齿轮激光相变硬化处理的硬化层分布

激光相变硬化的齿面为压应力状态,一般压应力最大幅值≥500MPa,压应力作用深度为 1.5mm 左右,十分有利于提高齿轮的疲劳强度。

2) 激光相变硬化齿轮应用实例

(1) 金属丝网编织机"编织齿轮"激光相变硬化。金属丝网的编织成形,主要依靠一组"编织齿轮"的运动来完成。不同规格的金属丝网,需配置一组不同的编织齿轮(每组为 50 只～170 只),齿轮需求量极大,而编织齿轮的精度、强度和耐磨性直接影响编织网的产量和质量。由于编织齿轮形状特殊(非标准、少齿数、渐开线齿轮),加工工艺复杂,热处理技术要求高,价格贵。

该编织齿轮原采用 42CrMo4 合金钢,氮化处理,现改为 45 钢,齿面采用激光相变硬化处理,硬度 60HRC,硬化层深 0.3mm,每只仅需人民币几十元,且性能和质量完全达到进口齿轮水平。已有大批国产激光处理齿轮安装在进口的编织机上,正常工作已超过两年以上(原进口编织齿轮工作寿命为两年),经济效益十分显著。

(2) 高精度机床齿轮的激光相变硬化。高精度(5 级、6 级)机床齿轮特点是种类多(M3×240,M2.5×250 等)、齿壁较薄(有的只有 5mm、7mm 等)、齿宽大,内孔为光孔、花键槽及内齿轮等,材料为 45 钢或 40Cr 钢。这些齿轮原采用常规热处理,变形大且很难控制,有的齿轮曾采用变形相对较小的氮化处理,经磨齿后,轮齿精度达到要求,但因齿体很薄,变形仍不能满足要求。

现采用激光相变硬化处理,硬度达 58HRC～62HRC,硬化层深为 0.4mm～0.6mm,硬化带分布为节圆厚,齿根、齿顶薄,符合齿轮强度要求,其变形量均小于

5μm,齿体孔径变形为 0.005mm,通规全部通过。经激光处理后,齿轮保持原精度,无需磨齿,可直接装机使用。

(3) 舰艇雷达传动内齿轮激光相变硬化。该齿轮形状特殊,内圆外方,用常规热处理变形大,又无法磨齿,台架试验达不到设计要求。后采用激光相变硬化处理,台架试验表明完全达到了设计要求。现在这种齿轮已装在 72 条舰艇上,运行良好(寿命长、噪声小)。

(4) 外齿套、花键齿套激光相变硬化。这两个工件是机械、冶金等行业常用的连接部件,其结构特点是薄壁、异型。采用常规处理变形大,节圆椭圆度增加,严重影响啮合精度,因而用户多采用提高整体调质硬度(250HB～280HB)、免去齿面淬火的办法,以保证形位公差和啮合精度,结果是使用寿命低、设备检修周期短。近年来大量该类齿套采用激光相变硬化处理技术,并分别安装在冶金、机械等行业零部件中运行,其使用寿命均提高 4 倍～5 倍。

从上述应用实例不难看出,激光相变硬化齿轮表面改性技术,为制造硬齿面齿轮提供了一种全新的方法。当然它不能完全替代齿轮的常规热处理,但却是齿轮热处理方法的一个极为重要的补充和创新,具有很强的竞争力和极好的实际应用前景。

随着我国汽车、家电工业的迅猛发展,对模具工业提出了更高的要求。如何提高模具的质量和使用寿命,一直是人们不断探索的课题。表面强化处理是提高模具质量和使用寿命的重要途径,它对于改善模具的综合性能、大幅度降低成本、充分发挥传统模具的潜力,具有十分重要的意义。常用的模具表面强化处理工艺有化学热处理(如渗碳、碳氮共渗等)、表面覆层处理(如堆焊、热喷涂、电火花强化等)。这些方法大多工艺较为复杂,处理周期长,变形大。随着激光相变硬化改性技术日趋成熟,目前该技术已较为广泛地用于各种类型的模具。

(1) 卡车、微型面包车、小型轿车的内外板拉深模和整形翻边模激光相变硬化。模具材料为 Mo – Cr 合金铸铁,处理前表面硬度为 40HRC～46HRC。由于表面硬度不够,其工作型面易与工件产生粘着磨损,导致冲压件被拉伤,模具表面也形成小沟槽,在生产过程中需花费大量的时间对模具工作型面进行推磨抛光,在线维修率(在一次加工过程中,模具在线维修时间占在线总工作时间的比率)达 10%,板料质量状况不稳定时对生产影响更大。经激光处理后模具表面硬度可达 55HRC～65HRC,硬化层有效深度为 0.5mm～0.7mm。该模具已经生产了 40 批,共计 21 万件冲压件,零件拉伤问题和模具磨损问题均得到有效控制。以前该类模具每批生产完成后均需对拉深模进行大面积推磨,现只需进行简单维护保养便可,模具在线维修率也显著下降,同时可大幅度降低各类拉深油用量,改善了现场环境。在宽带扫描处理方式下,对 CrMo 铸铁模具 CO_2 激光相变硬化处理最佳工艺参数是 $P=3000W,v=900mm/min$,光斑 17mm×2mm,搭接率 10%;在窄带扫描处理方式下,最佳工艺参数是 $P=2000W,v=1500mm/min$,光斑 5mm,搭接率 20%。

(2)轴承保持架冲孔凹模激光相变硬化。轴承保持架冲孔用凹模使用寿命低,失效形式为崩刃或刃边磨损,把用常规热处理冲孔模硬度由 58HRC~62HRC 降至 45HRC~50HRC,并用激光对刃口、刃边进行相变硬化处理,可显著提高模具的使用寿命,见表 3-3。

表 3-3　轴承保持架冲孔模经不同方法硬化后的使用寿命

冲孔模的型号	激光处理后寿命/万次	常规处理后寿命/万次
7205	2.8	1.12
7310E	3.65	1.6
7206	2.6	1.26

(3)冲裁模具激光相变硬化。对冲裁模的凸模,应硬化切削刃的侧面,与凸模相配合的凹模工作刃也需硬化。该模具采用输出能量为 30J 的 YAG 激光器,光斑为 $\phi 4mm$,光斑搭接率为 70%,硬化层深 $120\mu m$,硬度达 1200HV。装机使用首次重磨寿命增加到 10 万件~14 万件,比常规热处理的模具寿命提高 4 倍~6 倍。

(4)其他工模具激光相变硬化的应用效果见表 3-4。

表 3-4　几种工模具激光相变硬化的应用效果

工件名称	材料	应用效果
模具	CrWMn	获得细马氏体和弥散分布的碳化物颗粒,消除网状组织
模具(冲孔模和压纹模)	GCr15	两种模具寿命分别提高 1.32 倍和 2 倍~3 倍
工模具	Cr12MoV	激光淬火层组织改善,具有较高的硬度、较强的抗塑性变形和抗粘着磨损能力
工模具	3Cr2W8V	处理后获得了大量细小弥散碳化物,均匀分布于隐晶马氏体中,可提高耐磨性和临界断裂韧性
模具(落料冲模)	T10A	冲模刀刃硬度达 1200HV~1350HV,首次重磨寿命由 0.45 万次~0.5 万次增加到 1.0 万次~1.4 万次
凸模、凹模	T8A,Cr12Mo	激光硬化层深为 0.15mm,硬度为 1200HV,使用寿命明显增加,由冲压 2.5 万件提高到 10 万件,即寿命提高 3 倍~4 倍

小叶片是火电机组易损件,其工作区为湿蒸汽区,含有大量的水滴,且受高速离心力冲蚀使进气边产生点蚀而失效,直接影响汽轮机工作效率及安全运行。过去用火焰淬火,易变形开裂,硬度不均匀;采用高频淬火,则热影响区大,感应圈制作复杂;采用局部加覆盖层(钎焊、热喷涂、堆焊等),存在工艺复杂、残余应力大、易脱落等问题。现采用激光表面相变硬化处理,变形在误差范围,硬化层与基体呈冶金结合,达到了使用要求,目前已批量化使用,处理叶片超过万件,防水蚀寿命1倍以上。

1) 激光相变硬化处理工艺

以 HK56-3 型工业汽轮机叶片为例,采用 7kWCO_2 横流激光加工系统,四轴联动,激光相变硬化工艺参数见表 3-5,连续二次搭接扫描,根据叶片形状编程,处理区为进气边圆弧 R 处及外侧 12mm 宽、115mm 长的区域,叶片材料为调质态 2Cr13。

表 3-5 汽轮机叶片激光相变硬化工艺参数

激光输出功率 P/W	扫描速度 v/(mm/min)	光斑/(mm×mm)	搭接量/%
900~2000	300~1000	10×2	10~30

对 HK56-3 型号叶片进行激光局部淬火,由图 3-11 可见,叶片硬化区由表及里硬度分布呈现连续梯度形式过渡。分布曲线与激光淬火工艺参数有关,若激光功率过高,引起表面过热,导致最表层硬度略有下降,硬度峰值向里移。一般情况下,光斑越窄,硬化带越窄,硬化层深度越大。

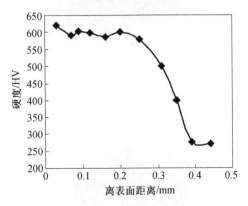

图 3-11 叶片硬化层硬度分布

2) 搭接对硬化层硬度的影响

由于需硬化的宽度比光斑尺寸宽,故需要用两道光斑搭接处理实现,总硬化带宽度为20mm。由于激光作用时的热积累效应,尤其是在搭接多次扫描淬火时,第二次扫描和第一次扫描的条件有所差别,先扫描时工件处于冷态,而后扫描时工件温度增加,温度梯度降低,自冷却淬火作用减弱,故第二条硬化带硬度较低,但深度较大,表面还有一定的过热现象。因此,鉴于叶片工作状态,进气边圆弧处需要的硬度高,故宜采用先扫描圆弧后扫描内侧面的方法。叶片工作时水滴冲击正应力最大处就在圆弧处,因此要求进气边圆弧处的强度硬度较高,而上表面硬度可以逐步下降。以上强化效果符合叶片的工作要求。

但无论多少搭接量,搭接处都存在回火带,回火带宽度随搭接量下降而减少,搭接量为20%时,回火带宽度为0.2mm;当搭接量为10%时,回火带宽度为0.15mm,但此时搭接处的硬化层深度只有0.2mm。故根据硬化带深度要求,选择20%搭接量。此时,总硬化宽度12.5mm,搭接处硬化层深度0.3mm,硬化带平均深度0.35mm,平均硬度588HV,可满足使用需要。

3) 金相分析及探伤

由图3-12可看出硬化区和未硬化的基体有明显的硬度变化。如图3-13所示,硬化层主要分布着高度细化的马氏体,马氏体细化应该是硬化的主要原因;图3-14为未处理的基体组织与硬度压痕,在同样的放大倍数下,硬度明显降低,组织为回火索氏体和马氏体。图3-15为处理叶片样品,显示处理区域位置,粗糙度没有变化。

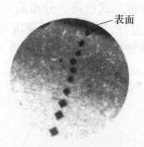

图3-12 硬化带低倍形貌及显微硬度分布

图3-13 硬化层硬度压痕及组织

图 3-14 未硬化基体硬度压痕及组织

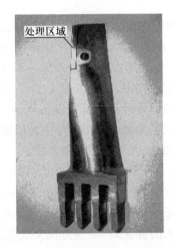

图 3-15 处理叶片样品照片

综上所述,在不同的激光相变硬化工艺下,可得到硬化层深度为 0.25mm ~ 0.45mm 的硬化层;激光淬火得到硬化层硬度由表及里呈现一个逐渐过渡的硬化曲线,硬化层最高硬度为 690HV,平均硬度为 588HV。采用由圆弧到上表面的搭接次序及 20% 的搭接量可满足实际使用要求。硬化层组织为高度细化的马氏体。激光淬火处理后无变形、无裂纹,且工艺简单,便于推广。

杭州汽轮机股份有限公司等多个企业实施的激光淬火处理叶片超过万件,经探伤检测,激光淬火的叶片无裂纹及变形,硬度比火焰淬火高。由于激光处理过程实现自动化控制,因此,淬火带尺寸精确,淬火组织细小,硬度均匀,变形小,满足装机要求,现已经实现批量化应用。

天车作为大型提吊设备,广泛应用于石化、冶金等行业的各个生产车间。这类天车的主要特点是:负荷大(20t~35t)、数量多(一个炼钢厂就有几十台)、跨度大(10m~30m)。因厂房梁变形、轨道弯曲,导致车轮啃道,踏面及轮缘磨损严重,大大缩短了车轮的使用寿命(仅一个精整车间8台天车,经三个季度大车轮报废更换数量达50多件)。

采用CO_2激光对调质态的铸钢车轮踏面和轮缘侧面进行相变硬化处理,其表面硬度为58HRC~62HRC,硬化层深度为1.5mm~2mm,该类型车轮装在30t天车上,连续使用了18个月。而在此之前,在相同的使用条件下,该天车车轮的使用寿命不超过3个月,目前很多具有大型天车的企业如冶金、化工、电力、石油等厂的车轮绝大多数都采用了激光相变硬化表面改性技术。

汽轮机叶片是工业轮机中最重要的关键零部件之一,是汽轮机的心脏,是事故最多的关键部件。一台工业轮机的叶片则多达1000余片,虽然重量不及整机重量的5%,但加工工作量却占整机的25%~35%。叶片担负将蒸汽的热能转变为机械能的任务,它在高温、高速工况下工作,由于高速蒸汽和水滴冲击的原因,在末级叶片进气边靠近叶片顶部常发生气蚀。气蚀后由于大面积的基材剥落,形成有突起和孔穴的海绵状表面,致使轮机效率降低,动叶强度减弱,叶片固有频率改变,振动加剧,甚至酿成严重事故。

我国的电力80%仍来源于热力发电,其中大多数以汽轮机为原动机。汽轮机叶片是汽轮机中将气流的动能转换为有用功的重要部件,其工作环境极其恶劣,且每一级叶片的工作条件均不相同。初始几级动叶片除在高温过热蒸汽中工作外,同时还承受着最大的静应力、动应力及交变应力的作用,一般发生高温氧化腐蚀、磨蚀和高温蠕变破坏。随着过热蒸汽的膨胀做功,蒸汽温度逐渐降低,最后几级叶片虽然工作温度较低(60℃~110℃),但叶片却承受蒸汽中夹杂的水滴的冲刷,造成水冲蚀;另外,运行过程中沉积在叶片上可溶性盐垢(如钠盐)吸收蒸汽,由于温度降低冷凝出来的水分形成腐蚀性电解液覆在叶片表面,造成电化学腐蚀。与此同时,由于末级叶片尺寸较大,在高速旋转中(约3000r/min)产生很大的离心力,另外叶片还受蒸汽不稳定的周期性扰动力作用产生振动。末级叶片在离心力、叶片振动以及水冲刷的复杂应力状态下,加上工作在具有腐蚀性的环境下,往往产生应力腐蚀、腐蚀疲劳、疲劳等破坏,实际失效的叶片常常是上述多种破坏方式复合的结果。

姚建华等人对于17-4PH不锈钢叶片(1000MW超超临界汽轮机低压末级动叶片)进行了激光局部固溶时效处理。分析显示,通过能量密度为$1.7kW/cm^2$的激光束扫描,控制固溶温度1350℃~1500℃,作用时间3s~5s,再经450℃~465℃后续时效处理,可以获得显微硬度不低于$450HV_{0.2}$、深度达1mm~3mm的强化层,试验结果如图3-16所示。以上试验初步表明采用激光加热固溶是可行的。另外,对该材料进行了激光合金化试验,获得硬度 700HV$_{0.2}$ 的表面合金层。

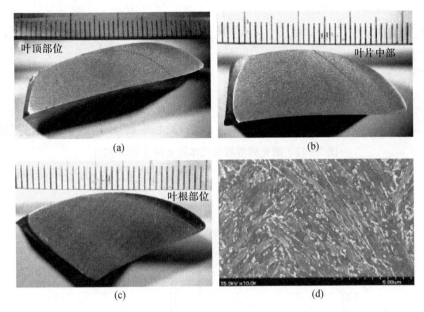

图 3-16　17-4PH 叶片激光固溶时效 400HV$_{0.2}$ 等硬度线和微观组织
(a) 叶片顶部处理区等硬度线分布；(b) 叶片中部处理区等硬度线分布；
(c) 叶片根部处理区等硬度线分布；(d) 硬化区 SEM 组织。

同时对其微观机理也展开了初步研究。在马氏体沉淀硬化不锈钢 17-4PH 中,基体的晶体形态主要为体心立方点阵,其中弹性相互作用(钉扎作用)是这类不锈钢固溶强化的主要方式。采用激光加热能够在极短时间内将基体加热到所需温度,并在激光作用完成后极短时间内冷却。在加热过程中,激光产生的高温必然使得材料内部各合金元素原子的振动加剧,导致扩散速度呈指数级增加。根据已经完成的前期试验,证明可以在激光作用下实现固溶。图 3-17 为经激光固溶后,在强化层形成的马氏体组织,其中马氏体位错密度较高。通过对马氏体的能谱分析(图 3-18)可知,在 17-4PH 这类高合金不锈钢中形成的马氏体基体中,合金元素的含量都比较高。这种高度位错的马氏体将对时效时第二相析出的强化作用起到积极的作用。

对激光固溶处理后表面的抗气蚀性能进行了研究,结果如图 3-19 所示。失重量较基材减少了 1/2 以上。同样条件下的气蚀试验后,激光处理前后表面气蚀形貌如图 3-20 所示,结果表明,经激光处理试样的气蚀性能明显优于未经激光处理的试样。

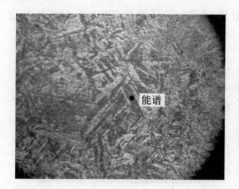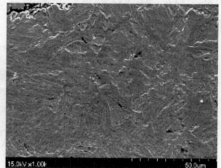

图 3-17 激光固溶后马氏体的金相及 SEM 照片

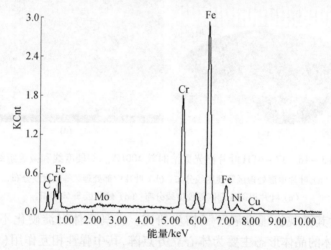

图 3-18 马氏体组织能谱图

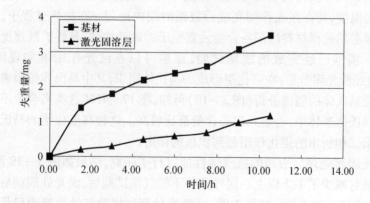

图 3-19 气蚀试验失重量—时间曲线图

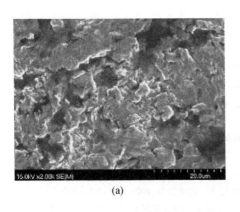 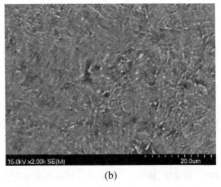

(a)　　　　　　　　　　　　　(b)

图3-20　激光处理前后表面气蚀形貌

（a）基材的气蚀形貌；（b）激光固溶处理层的气蚀形貌。

上述成果首先在我国上海汽轮机厂得到应用。对超超临界百万千瓦汽轮机机组末级叶片实施激光固溶强化，强化深度为1mm～3mm，表面粗糙度和变形量满足装机要求，通过实际服役检验，该方法可以有效提高17-4PH等马氏体沉淀硬化不锈钢叶片的抗水蚀性能。

参 考 文 献

[1]　关振中. 激光加工工艺手册[M]. 北京:中国计量出版社,1998.
[2]　姚建华,陈智君,熊缨,等. 40Cr钢大面积激光相变硬化中的硬度分布特征[J]. 浙江工业大学学报,2002,(4):319-322.
[3]　张光钧,陈振耀. 激光的纳米氧化物吸收涂料. 中国:02136862[P]. 2003-03-19.
[4]　李炳军. 钢表面强激光吸收合金涂层的设计与优化[D]. 杭州:浙江工业大学学士学位论文,2008.
[5]　倪晓珺. 铸铁表面强激光吸收合金涂料的设计与优化[D]. 杭州:浙江工业大学学士学位论文,2008.
[6]　孔凡志,王梁,姚建华,等. 激光强化汽轮机叶片材料的显微组织与显微硬度[J]. 材料科学与工程学报,2006,(24):59-61.
[7]　雍歧龙. 钢铁材料中的第二相[M]. 北京:冶金工业出版社,2006.
[8]　张立文,王晓晖,王富岗. 圆柱体激光相变硬化三维温度场数值计算[J]. 材料科学与工艺,2002,10(1):62-63.
[9]　傅纪斌,姚建华,胡晓冬,等. 激光淬火过程激光束模式的影响[J]. 激光技术,2009,33(1):104-106.
[10]　张连宝,范青武,左演声,等. 混合智能技术在激光淬火工艺优化中的应用[J]. 材料科学与工艺,2004,12(6):654-657.

［11］ 熊波.基于数据库的激光表面相变硬化专家系统［D］.杭州:浙江工业大学硕士学位论文,2003.
［12］ 陈莉,熊波,姚建华.基于二维传热数值分析模型的激光处理专家系统［J］.浙江工业大学学报,2003,31(3):301－305.
［13］ 石岩,张宏,徐春鹰.淬火齿轮组织和应力分析［J］.天津工业大学学报,2003,22(5):82－84.
［14］ 张志鹏.激光相变硬化及激光熔覆技术可提高模具使用寿命［J］.模具制造,2009,(10):4－10.
［15］ 吕秀平,徐红艳,王世勇.应用激光相变硬化技术提高天车车轮的使用寿命［J］.设备管理与维修,2008,(10):37－4－1.
［16］ 韩奎善,纪忠民,张仲秋.低碳马氏体不锈钢水轮机叶片感应强化工艺的研究［J］.铸造,1996,(3):1－3.
［17］ 黄智山,赵霄龙,杨英姿,等.覆盖材料及其几个基本问题［J］.表面技术,2001,30(1):29－31.
［18］ 姚建华,赖海鸣.汽轮机叶片局部激光表面淬火［J］.发电设备,2005,(2):101－103.
［19］ 姚建华,赖海鸣,孙东跃,等.汽轮机叶片局部激光表面淬火工艺试验研究［J］.杭州:浙江工业大学学报,2002,30(5):451－454.
［20］ 赖海鸣,姚建华.叶片局部激光表面淬火工艺试验研究［J］.工业汽轮机,2001,74(4):18－21.
［21］ 张波,李庾春.汽轮机复速级和次末级叶片失效分析综述［J］.汽轮机技术,1990,32(2):44－47.
［22］ Yao J H,Wang L,Zhang Q L,et al. Surface laser alloying of 17－4PH stainless steel steam turbine blades［J］. Optics & Laser Technology,2008,40(6):838－843.
［23］ 叶诗豪,姚建华,胡晓冬,等.激光固溶17－4PH机理与性能研究［J］.动力工程学报,2011,31(5):301－396.
［24］ 叶诗豪,姚建华,胡晓冬,等.17－4PH不锈钢的激光表面固溶工艺研究［J］.应用激光,2010,30(6):465－469.
［25］ 王梁.马氏体沉淀硬化不锈钢汽轮机叶片激光复合强化机理研究［D］.杭州:浙江工业大学硕士学位论文,2009.
［26］ 叶诗豪.马氏体沉淀硬化不锈钢激光复合强化的工艺与性能研究［D］.杭州:浙江工业大学硕士学位论文,2010.
［27］ 苏宝蓉.激光加工技术在机车制造业中的应用［J］.电力机车技术,2001,24(4):1－2.

4

激光重熔强化表面改性技术与应用

4.1 激光表面重熔强化工艺及特性

激光重熔是采用近于聚焦的高能量激光束辐照在材料表面使其熔化,然后通过热量传导使其快速冷却凝固,从而在材料表面形成与基体相互熔合的,成分与基体相同或不同的,但性能完全不同的表层的表面改性技术。

4.1.1 激光重熔强化工艺

采用激光重熔强化表面改性技术的主要目的是改善提高工件表面性能,消除或减少原工件表面或涂层表面存在的裂纹、气孔、夹杂等缺陷。目前该技术多用于在工件表面重熔、等离子喷涂耐磨、耐热、耐蚀和热障等涂层的重熔、电脉冲涂层和激光熔覆等涂层的重熔。尽管激光重熔的表面状况各异,但激光重熔的原理和工艺方法是相同的,只不过采用的具体激光工艺参数有所不同而已。

激光重熔工艺的技术参数主要有激光功率、光斑尺寸、扫描速度和搭接率等。随着激光功率的增加,周围的金属液体流向气孔,从而使气孔数量逐渐减少甚至得以消除,裂纹数量也逐渐减少;当重熔层深度达到极限深度后,随着激光功率的提高,将引起等离子体增多,基材表面温升加大,导致变形和开裂现象加剧。光斑尺寸的不同使所获得的涂层形貌和力学性能存在较大的差异:光斑直径过小,不利于获得大面积重熔层;光斑直径过大,激光功率密度达不到要求。扫描速度过慢,会造成预涂层材料烧损,表面粗糙度增大;扫描速度过快,激光能量不足,不能形成重熔层。重熔时搭接率过大,将造成表面粗糙度增加。当需大面积重熔层时,应选宽带积分光束,尽量减小搭接率。

激光重熔过程是一个快速加热、快速冷却的过程。在这过程中,重熔层的组织结构和性能迅速变化,温度、应力等数据的变化是直接影响重熔层组织结构的因素。但由于当前技术条件的限制,难以对重熔过程进行实时测量来获得精确的试验数据。目前只能通过数值模拟的方法,确定激光重熔的温度变化、应力变化等因素来建立激光参数与组织、性能之间的关系。朱大庆等采用有限元与多层网格法,建立了模拟快速激光重熔的二维瞬态模型。模型分析表明,激光扫描速度对熔池内溶质流动的流线分布有较大影响。模型中的等温线分布显示在低扫描速度下只受到一个脉冲的影响。从该模型的等压线分布可预测熔池表面形状在重熔过程中的变化、熔池中心的凹陷及边缘突起等。王东生等采用 ANSYS 有限元软件中的间接热力耦合方法,建立了 TiAl 合金表面激光重熔等离子喷涂 NiCoCrAl – Y_2O_3 涂层的热力耦合有限元模型,分析发现,沿激光扫描方向的拉应力最大,界面上的应力变化趋势与上表面相似,只是数值略小。激光重熔过程中裂纹的形成主要由重熔过程中产生的残余拉应力引起。因此单道激光重熔时裂纹多为垂直于激光扫描方向,且裂纹与裂纹呈平行分布。另外,还建立了激光重熔层连续移动三维温度场有限元模型,分析得出,随着激光功率的增加,重熔层表面最高温度增加,熔池深度和界面冶金结合宽度变大;与激光功率相比,激光扫描速度对重熔层温度场影响较小。

4.1.2 激光重熔强化表面改性技术特性

(1)激光重熔强化技术对任何金属材料(黑色、有色等金属)都适用。这是由激光重熔强化层形成的机理所决定的(见4.2节)。只要通过计算机数值模拟,优选出激光工艺参数,便可获得相关材料表面所要求的激光重熔改性层。例如 Al – Si、Al – Cu、Al – Fe 系合金经激光重熔处理可导致合金元素的固溶度增大。又如,ZL109 合金激光重熔层的平均显微硬度比基体提高 $30HV_{0.1}$ ~ $40HV_{0.1}$,摩擦系数也显著降低,其耐磨性比基体提高 1.5 倍 ~ 3 倍。其强化机理与晶粒细化、过饱和固溶有关。

(2)激光重熔强化技术易实现局部处理,对基体的尺寸、形状,组织等没有特殊要求。

（3）激光重熔强化工艺简单，操作灵活，重熔层深度通过调节各种工艺参数及在线监测系统可自动控制，易实现工业化生产。

（4）激光重熔强化不但能改善工件表面原有的气孔、裂纹、夹杂等缺陷，还可以提高其表面性能。例如，李浩群等用激光重熔等离子喷涂的氧化铝陶瓷涂层，其孔隙和裂纹得到消除，硬度高达12.14GPa。王红英等进行了YPSZ（Y_2O_3部分稳定ZrO_2）等离子喷涂层的激光重熔研究，发现重熔处理后YPSZ涂层几乎不存在气孔和裂纹，涂层均匀致密，其硬度为873HV（原为741HV）。

4.2 激光表面重熔强化机理

激光表面重熔强化的理论基础是快速熔凝的凝固理论。激光表面重熔强化是通过快速凝固，使固溶体晶体生长形态及溶质分布有所改变，使其达到表面改性和减少原表面层缺陷的目的。表面重熔在晶体生长过程中，界面的稳定性直接影响激光重熔的效果。影响液—固界面稳定性的主要因素有温度场、浓度场和界面能等。

4.2.1 温度梯度对界面稳定性的影响

假设固—液界面为一平面，在固、液界面前沿的熔体中，其温度分布通常可以有正温度梯度、负温度梯度。熔体中的温度不是单调变化的，远离固、液界面的熔体为过热熔体；但在固、液界面前沿却出现一狭窄的过冷区，这种完全取决于实际温度分布的熔体称为过冷熔体。

如果在偶然的因素干扰下，在固—液界面上出现某些凸缘，显然对于过热熔体平界面是稳定的，而对于过冷熔体，则因干扰而产生的凸缘尖端处于较低温度，使其生长速率增大，导致凸缘越长越大，此刻界面失稳，凸缘间断的生长速率越来越大。与此同时，凸缘本身也会因干扰而出现分枝，这就是枝晶生长。由于固、液界面前沿存在一狭窄的过冷区，因而在平坦界面上因干扰而出现的凸缘能够保持。但是，由于远离固、液界面处的熔体仍为过热熔体，这些凸缘又不能无限制生长，故可保持一个稳定尺寸，此时，界面的几何形状就像在平坦界面上长出很多胞，故称胞状界面。在这种情况下，平界面是不稳定的，而胞状界面却是稳定的。

4.2.2 浓度梯度对界面稳定性的影响

当考虑溶质浓度场的影响时，即使熔体中温度梯度是正的，平坦界面也不一定是稳定的固、液界面。在不同温度梯度下，不同浓度梯度对光滑界面稳定性的影响需作具体分析。

如果熔体中的温度梯度是正的,如无溶质影响,平坦界面当然是稳定的。但如果熔体中存在平衡分配系数 $K_c < 1$ 的溶质,在晶体生长的同时,这些溶质不断地被排泄出来形成溶质边界层。熔体的凝固点随溶质浓度增加而降低。由于溶质边界层中溶质浓度随距界面距离 Z 的增加而减小,故边界层中的凝固点也将随 Z 的增加而上升,在 $Z=0$ 处边界层中浓度最高,相应的凝固点 $T(0)$ 也最低。

由此可见,熔体的实际温度低于凝固点,这意味着熔体处于过冷状态。当平坦界面上因干扰产生的凸缘的尖端处于过冷度较大的熔体中时,其生长速率比界面快,凸缘无法自动消失,平坦界面的稳定性被破坏。上述过冷是由成分变化与实际温度分布这两个因素共同决定的,称为成分过冷。

成分过冷与温度非正常分布十分类似,在固、液界面前沿均存在一个狭窄的过冷区,而远离界面处的熔体是过热的。因此,在这两种情况下平坦界面都将失稳而转变为胞状界面,形成胞状组织甚至树枝晶组织。然而,上述两种情况下产生的胞状界面的原因有本质区别,前者为成分过冷,而后者为热过冷。

负温度梯度与成分过冷同样能破坏平坦界面的稳定性,但两者也有明显的不同。在负温度梯度下,整个熔体处于过冷态,界面上的凸缘能自由地高速度向熔体中生长;而在成分过冷下,过冷区有一定厚度(约等于溶质边界层的厚度),因而凸缘仅限制在成分过冷区内。

4.2.3 界面能对界面稳定性的影响

固—液界面在偶然因素干扰下产生凸缘,因而增加了固—液界面的面积,使系统的自由能增大。而系统的自由能有缩小的趋势,它使固、液界面面积尽量减小(在干扰初期)。反之,凸缘已长大,其尺寸超过了微米数量级,则界面能的作用就变小了。

4.2.4 界面稳定性与晶体生长形态的关系

若各种参数满足平界面稳定的条件,则凝固过程以平界面向液相推移的方式进行。当溶质扩散充分时,无偏析;若扩散不充分,则出现宏观偏析。若满足平面界面失稳条件,则其稳定性遭到破坏,在界面上因干扰而形成的凸缘发展为胞状界面。胞状界面在液相中推进时,胞间边界是凹陷的,中部是凸起的圆顶,即部分球面。此胞状界面是否稳定,可由球形界面的稳定性理论判定。若其失稳,则发展为相互平行的枝晶;若其稳定,凝固组织为胞状特征。对于平行枝晶(柱状树枝晶)的生长问题,同样存在界面稳定性,即圆柱面稳定性。

Longer 等基于非线性的界面稳定性理论,分析了主干上分枝的形成。理论分析表明,稳定性遭破坏有可能引起主干尖端变钝以及分枝的形成。图 4-1 描述液相温度和凝固速度对凝固组织形态的影响。

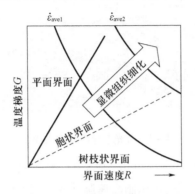

图 4-1 R 和 G 与凝固形态的关系
(箭头定性地表示平均冷速 ε'_{ave} 的影响)

综上所述,根据工件的工况条件和性能要求,通过调整激光工艺参数,控制影响固—液界面的稳定与非稳定性,可以获得各种晶体生长形态的激光表面重熔强化改性层。

4.3 激光重熔强化表面改性工业应用

激光重熔强化表面改性技术研究内容广泛,尤其对有色金属(Al、Cu、Mg 等合金)和等离子喷涂涂层表面激光重熔的应用研究更为多见。现仅针对目前仍在生产线上进行批量生产的工件列举数例。

4.3.1 冶金工业冷轧辊激光毛化表面改性的应用

冷轧辊激光毛化表面改性是将高能量密度和高重复频率的脉冲激光,按一定方式编组(采用单脉冲或多脉冲),等间隔作用于工件表面并使之熔化;同时,用具有一定成分、压力和流量的辅助气体,以一定的入射角吹动熔融物,将其搬迁并按指定要求堆积到熔池边缘,形成均匀分布的精细凹坑与凸包结构(图 4-2)。

激光毛化冷轧辊用以生产薄钢板是 20 世纪 80 年代后期在少数西方国家发展起来的高新技术。我国于 1990 年开始,由中国科学院力学所、北京吉普有限公司、首钢钢研所和中国大恒公司合作对激光毛化技术和装备进行研制—生

图4-2 激光毛化冷轧辊表面形貌

产—应用"一条龙"攻关(国家"九五"攻关)。经过两年多的攻关,取得了重大进展。如适用于工业生产的可调制高速脉冲 YAG 激光系统和轧辊机床已投入运行;基本掌握实现最新第三代激光毛化板特殊坑形的技术。在此基础上,通过实践不断改进,目前已进入广泛推广应用阶段。

(1) 提高了冷轧辊使用寿命5倍~10倍(图4-3),其机制有三个:激光快速熔凝能高度细化晶粒,其平均晶粒尺寸可小至微米或纳米量级,甚至可获得非晶组织;显微结构的离散分布有利于改善辊面润滑条件,减少磨损;熔凝加工产生的压应力能有效改善轧辊表面层的韧性(图4-4)。

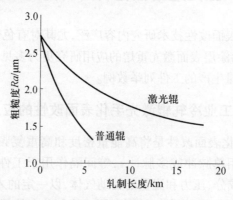

图4-3 激光毛化与其他轧辊使用寿命对比

(2) 激光毛化的轧辊能改善轧制时的咬入条件,防止轧板打滑;能可控地改善板材表面质量和板形,防止板卷退火黏结。能赋予薄板表面指定形貌和粗糙度,可以有异步轧制的效果。

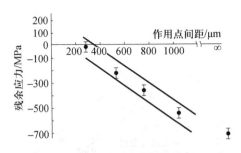

图4-4 激光毛化轧辊对辊面残余应力的影响

(3) 用激光毛化轧辊轧出的钢板性能优良。如冲压流动性好(图4-5)，该图说明用激光毛化轧辊轧出的钢板其流动性好于放电毛化辊，更远好于喷丸毛化辊。生产企业常用深冲性能(杯突值)直观地判断钢板的拉伸性能。一般激光毛化辊轧出的钢板(L)杯突值比相应光面板(G)提高20%~35%，如图4-6所示。该图说明激光板的均匀塑性变形能力远强于光面板。

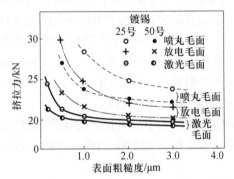

图4-5 不同毛化钢板(薄壁罐)成形力对比

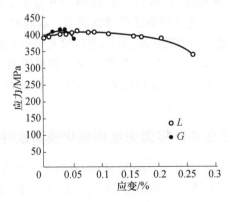

图4-6 激光板与光面板拉伸性能对比

此外激光板还能提高涂漆的牢固性和光亮度(映像清晰度),如图 4-7 所示。

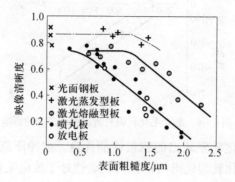

图 4-7　不同毛面板和光面板涂漆光亮度(映像清晰度)的对比

自 1992 年中国科学院力学所等单位首次将激光毛化表面改性技术成功用于中外合资龙腾精密带钢有限公司的生产中,至今已将该技术逐步推广到约几十家中、大型冶金企业,经过近 20 年的生产实践表明该技术使用效果显著。

(1) 解决了生产薄板(0~3mm)打滑、黏带、断带和轧卷退火后黏结严重等问题。由于激光毛化辊面粗糙度可控、毛化形态均匀,从而消除了打滑、黏带和退火黏卷现象,使成材率由 30% 左右提高到 85% 以上。

(2) 由于激光毛化辊在轧板中具有良好的摩擦润滑性能,使生产轧板速度由原来 70m/min~80m/min 提高到 150m/min~200m/min,大大提高了轧板产量和轧机利用率。

(3) 由于轧辊激光重熔区硬度高达 70HRC,从而提高了轧辊的使用寿命。如激光毛化辊连续轧 4 卷带钢(从板厚 2.8mm 辊 9 道轧至 0.36mm),其表面粗糙度仅下降了 10%,连续轧 9 卷钢还能继续使用。而同种材质的法国进口光面轧辊,往往轧不到一卷带钢就要换辊,法国进口喷丸辊也只能轧到 3 卷多。

(4) 用激光毛化辊轧制的薄板,其表面质量明显改善,中澳合资邦迪制管厂使用后,外方称赞其性能优于进口喷丸毛化板,因而放弃从国外进口,而改为国内订货激光板。

4.3.2　冶金工业热轧辊激光重熔强化表面改性的应用

热轧辊是热轧钢铁制品生产的重要部件,其寿命长短不仅与产品的成本密切相关,而且直接决定钢铁制品的质量,尤其是表面质量和板型;同时由于热轧辊服役过程中承受强烈的力和热作用,因此热轧辊是一种极易损坏的部件。为了提高热轧辊寿命,国外先进国家部分改用高速钢轧辊。在日本,1997年高速钢轧辊已占整个热轧辊的30%左右。针对我国国情,由于高速钢轧辊制造工艺水平不过关,产品主要靠进口,生产成本高,不可能大范围推广使用。为此自1995年以来广州富通光科技公司等单位先后在新疆、邯郸、莱芜、包头、济南等钢铁集团组建了激光表面强化改性生产线几十台套,经十几年的生产实践,说明用激光重熔强化表面改性技术能提高热轧辊的寿命。如经激光重熔强化铸钢热轧辊比未处理同条件的辊过钢量提高1倍左右,对半钢热轧辊提高70%左右,对球墨铸铁热轧辊提高50%。

此外,为了增加热轧辊对坯料的咬合力,可采用改变激光重熔工艺参数,控制激光重熔深宽比或进行大面积激光熔凝网纹加工等措施,显著改善了轧制过程中的咬入条件,解决了钢板常出现打滑、粘钢的难题。

激光重熔强化热轧辊的工艺是,在预涂吸光涂料的基础,根据轧辊表面性能和粗糙度的要求,选择适当的激光功率、扫描速度和光斑形状、尺寸使其表面熔化,随后自身冷却凝固成重熔强化层,此过程不需要外加任何合金元素。

由于激光重熔强化热轧辊具有工艺技术简单、易自动控制、成效显著和成本低等优点,使该技术被广泛用在冶金企业中各类材质(优质碳素铸钢、合金铸钢、半钢和球墨铸铁等)的初轧机开坯辊、型材轧机初轧和中轧辊、热轧带钢连轧机初轧和精轧前工作辊,并广泛用于冷、热连轧机支承辊等。这些部件由于体积大,不易整体淬火,多采用正火、球化退火、高温扩散退火、正火+回火或球化退火后喷雾淬火。一般热轧辊上机前的表面硬度为32HSD~48HSD,但若经喷雾淬火,其硬度为55HSD~65HSD甚至高达70HSD。因此除热轧辊原始状态为淬火态不宜采用激光重熔表面改性外,上述其他原始状态的热轧辊均可显示激光重熔强化表面改性的效果。

4.3.3 65Mn钢金刚石锯片基体激光表面重熔强化的应用

金刚石锯片是石材加工中应用最广泛的切削工具,其基材性能对石材加工质量有很大影响。目前大部分金刚石锯片的基体均采用65Mn钢制造。为了满足锯片服役时能承受长期交变应力的作用,锯片的基体应处于调质状态,增强弹性变形的能力,但由于硬度、强度不够,造成锯片基体表面磨损和变形,导致基体仅复焊几次(金刚石刀头磨损后,可以将新刀头焊在原锯片的基体上)就报废,不仅严重影响石材加工质量和效率,而且造成材料的浪费。为此,用激光重熔表面强化技术提高新锯片基体性能,延长其使用寿命,充分利用废旧锯片基体,增加其复焊次数,是降低石材切削成本的最佳技术方案。

金刚石锯片的基体均为圆片状,其直径和厚度有多种,尺寸越大,越易磨损和变形。激光重熔强化区域起到加强筋的作用。为此激光多采用窄光斑,在锯片基体两个表面呈现米字形、放射形或同心圆环的激光重熔强化带分布,其面积为非处理面积的 1/3 左右。重熔层表面硬度 740HV 左右(未处理为 420HV 左右),提高复焊次数 1 倍 ~ 2 倍。

该技术还可用于其他大型圆锯片,如冶金工业切割钢材的 $\phi 2m$ 圆锯片等。

除以上提到的应用之外,对于喷涂层、(电)化学沉积层及纳米碳管复合层进行激光重熔处理,在起到强化作用的同时,起到有利于改善涂层与基体的结合性能。

参 考 文 献

[1] 洪永昌,夏正文. 不同基体材料和涂层激光重熔表面改性的研究现状与进展[J]. 电焊机,2005,35(11):6-11.
[2] 朱大庆,左都罗,李适民. 快速激光重熔的二维瞬态模型[J]. 激光技术,2003,27(2):90-93.
[3] 王东生,田宗军,沈理达,等. TiAl 合金表面激光重熔等离子喷涂 MoCrAlY 涂层热力耦合有限元分析[J]. 应用激光,2008,28(2):92-98.
[4] 姚建华,苏宝蓉. 金属表面激光处理技术及其工业应用[J]. 电力机车技术,2002,25(5):28-30.
[5] Frangini S,Pierdominici F,Lascovich J,et al. Surface modifications on Fe-40 at. -% Al intermetallic alloy by excimer laser melting treatment[J]. Materials Science and Technology,1997,13:526-532.
[6] 蔡珣,杨晓豫,陈秋龙,等. ZL109 激光表面改性处理—激光表面重熔处理[J]. 上海交通大学学报,1999,33(7):41-45.
[7] 姚建华,苏宝蓉,周家瑾,等. 铸造铝合金(ZL109)激光表面处理[J]. 中国激光,1992,19(2):144-152.
[8] 李浩群,邵天敏,陈大融. 水硬铝石等离子喷涂—激光重熔氧化铝陶瓷涂层的制备[J]. 硅酸盐学报,2005,33(3):314-317.
[9] 王红英,汤伟杰,陈辉,等. YPSZ 等离子涂层激光重熔组织性能[J]. 焊接学报,2007,28(4):105-108.
[10] 王家金. 激光加工技术[M]. 北京:中国计量出版社,1992.
[11] Wood R F. Macrosoptic theory of pulsed-laser annealing Ⅲ nonequitihrium segregation effects[J]. Phys. Rev. ,B,1982,25(4):2786-2811.
[12] 陈光南. 毛化轧辊新方法及其应用[J]. 应用激光,1997,16(4):155-158.
[13] 高宏,陈光南. 激光毛化技术产生的不对称摩擦机制研究[J]. 中国有色金属学报,1997,7(4):278-281.
[14] Shen H. ,Chen G. N. ,Li G. C. ,et al. The plastic instability behavior of laser-textured steel sheet[J]. Materials Science and Engineering A-structural materials properties microstructure and processing,1996,219(1-2):156-161.
[15] 张来启,陈光南,杨王玥,等. 激光熔凝和熔敷在热轧辊强化中的应用[J]. 天津工业大学学报,2003,22(5):69-71.
[16] 姚建华,熊缨,孙东跃,等. 亚共晶白口铸铁激光表面强化的微观组织特征[J]. 中国激光,2002,

29(6):557-560.

[17] Yao J H, Zhang Q L, Xie S J. Laser surface remelting of medium Ni-Cr infinite chilling cast iron roll [J]. Transactions of Materials and Heat Treatment, 2004, 25(5):1009-1012.

[18] Yao J H, Zhang Q L, Gao M X, et al. Microstructure and wear property of carbon nanotube carburizing carbon steel by laser surface remelting[J]. Applied Surface Science, 2008, 254(21):7092-7097.

5

激光合金强化表面改性技术与应用

5.1 激光合金化工艺与特性

5.1.1 激光合金化工艺

在工件表面加入合金元素(送粉或预涂),通过激光束加热使合金元素迅速溶入已熔化的基体表面,此时靠工件本身的导热,快速凝固为合金层,达到工件所要求的耐磨、耐蚀、耐高温和抗氧化等特殊性能。

激光合金化工艺影响因素有四个方面:①激光系统:光束模式及其稳定性、振荡方式、波长、输出功率的稳定性和发散角等。②工件基材:化学成分、几何尺寸和形状、表面状态和原始组织状态等。③处理条件:光束形状和尺寸、扫描速度、输出功率、各种气体的气流和流向以及运动合成方式等。④引入材料:化学成分、粉末粒度、供给方式、供给量(流量或预涂层厚度)、热物理性质等。

尽管将上述四个方面的影响因素调整到最佳状态,由于激光光斑尺寸的限制,总不可避免地在扫描带间的搭接处有一回火软化区和表面凹凸不平现象。为此,必须要求某些工件在激光合金化后进行相应的后处理。后处理主要包括两种:一种是以改善合金化表面质量为目的的激光重熔处理和机加工处理;另一种是以调整表面合金层的组织和成分为目的的常规热处理,如回火处理、固溶处理等。

5.1.2　激光合金化特性

激光合金化合金材料的成分主要是根据其性能要求,即力学、物理和化学性能来选择。由于激光合金化的熔凝过程极为迅速,溶质元素主要靠液态对流混合实现均匀化,因此从理论上说,激光合金化的成分选择远远超过通常意义的合金化成分范围,为此提供了获得用常规方法难以得到的性能更优异的合金层。其具体特性是:①由于合金元素是在液体中混合扩散,其分布均匀,生产周期短。②可很方便地实现局部选区合金化,与传统的整体合金化方法相比可大大提高生产效率、节省合金材料、降低制造成本。③可用廉价基材,通过激光合金化替代整体高合金基材。④通过激光合金化可以抑制中间相的析出,易产生过饱和固溶体,扩大热平衡相的固溶性和形成亚稳晶体相。在更高的冷却速度条件下,甚至可抑制结晶过程而形成非晶态合金。因此用激光合金化制备非常规新合金成为材料科学的基础研究手段之一。

5.2　激光合金化机理

激光合金化理论基础是激光与金属表面相互作用的规律。入射到金属晶体中的激光与电子相互作用,发生非弹性碰撞,光子被电子吸收,吸收了光子处于高能级状态的电子将在与其他电子相互碰撞和与晶格振动量子的相互作用的过程中进行能量传递,即能量以热的形式转换,该光能转变成热能是在极短瞬间完成的。

随着激光波长、激光功率密度、激光作用时间及不同材料的各种匹配,致使材料的温度具有各种变化,使材料表面随之发生物态的变化。当激光能量转换成热能的热量达到或超过熔化潜热时,金属表面处于液态,处于液态的金属表面迅速与添加的合金元素熔合,产生有别于原基体成分的新合金层。此时由于基体金属的自身热传导,金属表面产生快速凝固的超细及非平衡组织。其合金层可分为三个区:合金化区 + 相变区 + 热影响区。

由于激光合金化过程是在高温熔化状态下进行,所以,合金元素容易在液态下与母体熔合产生新合金相,有别于渗碳(氮)等固态长时间加热合金化,作用时间短,变形小;同时,由于熔池存在时间短,冷却速度快,造成快速凝固下的晶粒细化,容易获得细晶组织,合金化层性能较高。

5.3 激光合金化合金成分的设计

在激光合金化过程中,基体和合金材料的力学性能、物理性能和化学性能是激光表面合金设计的主要依据。表面合金设计的目的就是应用各种合金元素间的最佳配合,优化配比和相应的激光合金化工艺来获得理想的组织和性能。

表面合金的化学成分是表面合金设计的基础。尽管激光快速加热和快速冷却是一种偏离平衡的状态,但仍可定性地参考已有的合金相图,根据化学成分推断出各种状态下的组织结构和性能。通过调节和控制激光合金化工艺参数,从理论上讲,可以有效地控制各种合金元素在各相的合理分布,控制各组分的量和各组织的形态及尺寸,从而获得理想的结构和性能。

激光表面合金设计有三个内容:成分设计、工艺设计与组织设计。这里主要讨论成分设计。

激光表面合金的成分设计理论多是从几何学角度推导出来的公式。当厚度为 h_1 的预涂层被激光作用时,由于激光与合金粉末间的交互作用,该层首先熔化。然后,厚度为 h_2 的基体表面也随之熔化,最终变成了厚度为 $D(D = h_1 + h_2)$ 的表面合金。D 值与激光功率、作用时间、吸收系数等工艺因素有关。所以,在设计表面合金时,必须考虑这些工艺参数的影响。在表面合金设计前,应首先确定所需表面合金的厚度 D。

在此基础上,假设:①在表面合金中,合金元素的浓度分布在宏观上是均匀的;②忽略固—液界面内元素的互扩散或这种互扩散极有限;③以铁基合金作为基体,铁合金的含铁量约为 100%;④各元素的熔点不存在大的差别;⑤合金元素在溶入基体前,以粉末状形式存在,且为粉末预涂层,其厚度为 h_1。

显然,合金粉末层的总体积为

$$V_1 = L \cdot h_1 \cdot d \qquad (5-1)$$

式中:L 为激光扫描带长度;d 为有效合金粉末的宽度。

表面合金层的深度为

$$D = h_1 + h_2 \qquad (5-2)$$

式中:h_2 为参与生成表面合金的铁基材料的厚度。

表面合金的总体积(单道扫描)为

$$V_2 = L \cdot D \cdot d = L \cdot d \cdot (h_1 + h_2) \qquad (5-3)$$

设某合金元素的密度为 $\rho_i(\text{g/cm}^3)$。在合金粉末中,某合金元素 M_e^i 的分体

积为
$$V_{M_e^i} = L \cdot d \cdot h_1 \cdot k_i \tag{5-4}$$

式中:k_i = 某合金元素重量/合金粉末总重量。

该合金元素的分重量为
$$W_{M_e^i} = \rho_i \cdot V_{M_e^i} \tag{5-5}$$

则合金粉末的总重量为
$$W_1 = \sum \rho_i \cdot V_{M_e^i} = \sum W_{M_e^i} \tag{5-6}$$

表面合金总重量 $W_2 = W_1 + W_{Fe}$(不计合金元素烧损及密度变化),其中
$$W_{Fe} = \rho_{Fe} \cdot V_{Fe} \tag{5-7}$$
$$V_{Fe} = L \cdot d \cdot h_2 \tag{5-8}$$

从稀释角度设计表面合金时,各合金元素的重量百分比为
$$W_i = \frac{W_{M_e^i}}{W_2} \tag{5-9}$$

即
$$W_i = \frac{\rho_i \cdot k_i}{\sum \rho_i \cdot k_i + \rho_{Fe} \cdot h_2/h_1} \times 100\% \tag{5-10}$$

当用单一合金元素(如 Cr 元素)进行表面合金化时,式(5-10)可以简化,即表面合金中 Cr 的含量为
$$W_{Cr} = \frac{\rho_{Cr}}{\rho_{Cr} + \rho_{Fe} \cdot h_2/h_1} \times 100\% \tag{5-11}$$

得出表面合金中某元素的重量百分比后,可以按照合金的成分设计方法,计算该合金元素在各相之间的大致分配量。反之,为了获得所需的组织和性能,也可以计算某合金元素在合金粉末中的最低含量。这可由式(5-9)得到,即
$$W_{M_e^i} = W_i/W_2$$

如在工业纯铁表面制备厚度为 D 的耐蚀表面 Fe - Cr 二元合金,根据现有电化学腐蚀理论,设表面合金中的 Cr 含量为 13%,即 $W_{Cr} = 13\%$。根据式(5-11)可求出合金 Cr 粉末的最低厚度值 h_1 为
$$h_1 = \frac{D}{1 + \frac{1 - W_{Cr}}{W_{Cr}} \cdot \frac{\rho_{Cr}}{\rho_{Fe}}} \tag{5-12}$$

对于 Fe - Cr 二元合金,$W_{Fe} = 1 - W_{Cr}$,故
$$h_1 = \frac{D}{1 + \frac{W_{Fe}}{W_{Cr}} \cdot \frac{\rho_{Cr}}{\rho_{Fe}}} \tag{5-13}$$

在式(5-12)或式(5-13)中,因 D、W_{Cr}、ρ_{Cr} 和 ρ_{Fe} 均为已知,故可求出表面合金成分设计时的重要几何参数 h_1。对于三元及多元合金,也可用类似的方法求出 h_1。

显然,对表面合金成分设计来说,h_1 是一个极重要的设计指标。为了能得到合适的 h_1 值,可先用上述方法设计出一个 h_1 的初始值,然后,通过试验和考虑其他非稀释因素对表面合金成分的影响,定出合理的 h_1 值。

5.4 激光合金强化表面改性技术应用实例

早期国内外多侧重激光合金化技术的基础研究,尤其我国高校、研究所作了大量的研究工作,如对中碳低合金钢+(Cr-Mo)、50 钢+(C-N-B)、20 钢+(C-N)或(C-B)、Al-Li 合金+(Co-Fe-B)、45 钢+Ni 基合金、高磷铸铁+Ni 基合金、低碳钢+SiC 等进行激光合金化工艺与组织性能的试验研究,该技术仅在近十多年来才在生产中获得批量应用。

5.4.1 不锈钢刀具刃口激光合金化技术的应用

刀具产品种类繁多,有家用厨刀(斩刀、切片刀)、猎刀、粉碎刀、军刀、铣刀、切纸刀等。其共同的要求是:刃口锋利,不脆、耐磨,刀体有一定强韧性。传统热处理工艺多采用整体淬火,刀体中温回火,产品很难进入高档刀具市场。自从采用了激光合金化技术,这种局面已逐步得到好转。如杭州张小泉集团有限公司和浙江工业大学联合生产的厨刀,由于刃口采用了激光表面合金化技术,其性能已全面达到德国"双立人"厨刀的水平,但价格不到"双立人"的50%。目前已进行小批量生产,并进入高档刀具市场。

该类型刀具刀体较薄,需要用快速熔化设计方案,为此在合金成分设计中应选用微米、纳米混合金属颗粒。当刀体厚度≥5mm 时(切纸刀、粉碎刀、斩刀等),在 3Cr13 刀刃上预涂合金层,用 3kW 横流 CO_2 激光,速度为 500mm/min 可得到厚 0.2mm、平均硬度 850HV 的合金层,达到用户的要求,如图5-1所示。

当刀体厚度<5mm,应按图5-2刃口强化工艺设计方案,其各方向硬度分布如图5-3~图5-5所示。

对较薄的刀具如剃须刀、医用刀、切片厨刀等,用上述的工艺设计,可得到厚 0.01mm~0.08mm 的熔覆层,硬度为 900HV~1200HV,硬化层硬度、元素浓度呈连续梯度过渡,利用回火区可保持刃口韧性。用以上技术对厨刀、餐刀进行了小试,变形小,符合产品标准,并可对现有的工艺进行改造,制造新产品。

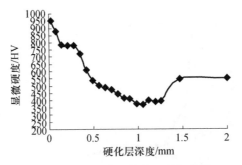

图 5-1　表面合金化处理硬度曲线

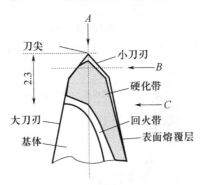

图 5-2　刀刃强化带工艺设计

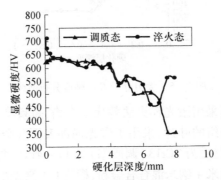

图 5-3　沿刀刃 A 向的硬度分布曲线

5.4.2　汽轮机叶片激光合金化表面改性技术的应用

工业汽轮机作为关键动力设备在石油、化工、电力、轻工等重要工业部门中发挥着越来越重要的作用,而叶片又是汽轮机的关键零件,因此叶片抗气蚀能力的高低直接影响到汽轮机工作效率和安全运行。由于运行的工况恶劣状况不同,叶片的材质、尺寸、原始处理状态以及抗蚀、抗磨性能要求也各异。对火

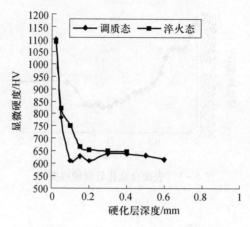

图 5-4 小刃处沿 B 向硬度分布曲线

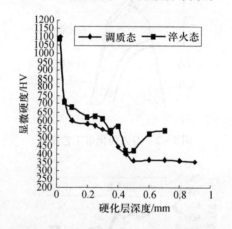

图 5-5 大刃处沿 C 向硬度分布曲线

电机组的小型叶片可采用激光淬火法替代原火焰、高频淬火工艺(见第 4 章)。对较大功率的汽轮机组的叶片,采用了激光局部表面合金化方案,其试验条件和工艺参数是:叶片材质为 2Cr13(调质态)和 17-4PH(常规整体固溶处理),在叶片进气端预涂微米+纳米混合合金粉,横流 CO_2 激光功率 1000W~2500W,光斑为 9mm×2mm,扫描速度 200mm/min~500mm/min。激光合金化处理后,材质为 2Cr13 的叶片由基体硬度 200HV~250HV 升至 550HV~800HV(由内至表递增),平均硬度(700HV)比基体提升 1.8 倍。从气蚀试验中看出叶片基体的气蚀面呈现许多由金属剥离造成的气蚀坑,在气蚀和非气蚀交界处局部存在微裂纹,如图 5-6 所示。而在同样的气蚀试验条件下激光合金层表面的气蚀坑相对较浅,且分布均匀,气蚀面和非气蚀面上均未发现有裂纹,如图 5-7 所示。

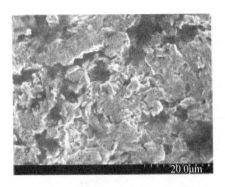
图 5-6 叶片基体(2Cr13)的气蚀形貌

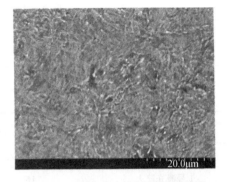
图 5-7 激光合金化层的气蚀形貌

气蚀试验是在超声振动式气蚀装置上进行的。溶液为 39% NaCl，总气蚀时间为 10.5h，试验中每隔 90min 对试样进行清洗、称重，并更换 NaCl 溶液。叶片基体和激光合金化层失重—时间曲线如图 5-8 所示。由图 5-8 看出激光合金化层抗蚀能力较基体提高一倍以上。

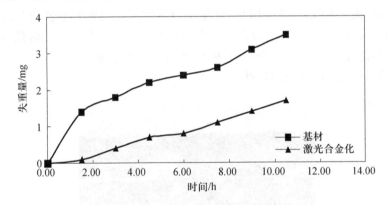
图 5-8 失重—时间曲线

经激光合金化处理后，对材料的抗拉强度、延伸率、收缩率和冲击韧性基本没有大的影响，见图 5-9、表 5-1 和表 5-2。

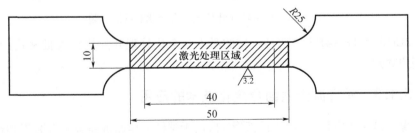
图 5-9 拉伸试样尺寸(厚度 3mm)及激光处理区域

表 5-1 拉伸试验结果

试样状态	最大力/kN	抗拉强度/MPa	延伸率/%	断面收缩率/%
1 号激光淬火	31.70	881.51	15.93	39.40
2 号激光合金化	31.04	863.88	13.47	32.77
3 号原始态	28.92	850.65	15.97	41.50

表 5-2 冲击试验数据

试样状态	冲击功/J	冲击韧性/$(J \cdot cm^{-2})$
1 号激光淬火	16.3	20.42
2 号激光合金化	37	46.25
3 号原始态	37.7	47.08

材质为 17-4PH 的叶片经激光局部表面合金化后硬度由原 300HV(基体)提升到最高 $1180HV_{0.2}$,平均硬度为 $900HV_{0.2}$,较之基体硬度提高了 2 倍,且表面质量好,无微裂纹(图 5-10)。合金层与基体形成理想的冶金结合,且合金化层晶粒极细(图 5-11)。合金层表面分布着沿涂层垂直生长的树枝晶,且晶粒高度细化,此为 Fe_5W_5C、$Fe-Cr$、W_2C 共同非平衡熔凝后的某种共晶(析)组合体,具有极高的硬度与耐磨性。

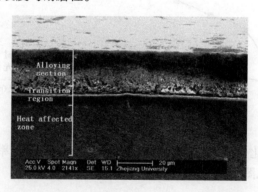

图 5-10 17-4PH 叶片激光合金化的截面形貌

2Cr13 和 17-4PH 这两种材质的激光合金化处理叶片均已大批量投产,受到用户欢迎。

5.4.3 螺杆激光表面合金化技术的应用

螺杆是注塑机和挤出机的关键零件,由于螺杆工作面抗高温粘着磨损和抗腐

图 5-11 合金层顶部显微组织

蚀性能低,导致塑机使用寿命降低。为此许多塑机设备制造商采用了渗碳、氮化、镀铬、热喷涂、堆焊等强化螺杆工作面的方法,但由于这些方法存在各种缺陷,收效甚微。现采用了激光合金化技术使螺杆装机使用寿命提高 2 倍以上(与氮化相比),如图 5-12 所示。对合金成分为微米 Co/W、微米 WC 以及纳米 WC 的激光合金层平均硬度与氮化层相比分别提高 7%、11% 和 45%,如图 5-13、图 5-14 所示。

图 5-12 经激光合金化处理的注塑机螺杆

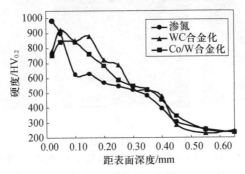

图 5-13 三种试样横截面显微硬度分布曲线

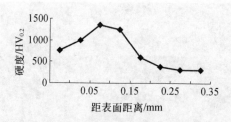

图 5-14　激光纳米合金化层硬度

图 5-15 为试样横截面的显微组织,可以分为三个部分,分别为合金化层(渗氮层)、硬化区和基体。图 5-15(a)为渗氮试样横截面全貌,其上部白亮层为外渗氮层,放大图像如图 5-15(b)所示,其下部依次为内渗氮层(扩散层)、硬化区和基体。40Cr 中的 Cr 元素与氮的亲合力较高,能提高氮在 α 相中的溶解度并形成氮化物,而 Si 元素不能提高氮在 α 相中的溶解度,也无法形成氮化物。因此渗氮试样经 5% 硝酸酒精溶液腐蚀后所显现的组织主要为氮化铬、氮化铬铁 $(Cr,Fe)_2N$ 等硬质相。图 5-15(c)为 Co/W 合金化处理后的显微组织全貌,白亮带为合金化层,深度为 0.25mm,右下方为硬化区和基体。图 5-15(d)为合金化层与基体在 400 倍下的结合情况。从图中可看出,合金化层组织细密,与

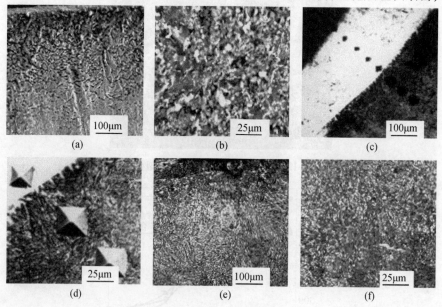

图 5-15　试样横截面显微组织

(a) 100 倍渗氮层全貌;(b) 400 倍渗氮层;(c) 100 倍 Co/W 激光合金化层全貌;(d) 400 倍 Co/W 激光合金化结合区;(e) 100 倍 WC 激光合金化层;(f) 400 倍 WC 激光合金化层。

基体呈冶金结合。

磨损对比试验结果如图 5-16 所示，一开始试样的磨损比较严重，这是因为试样底面与摩擦摩损试验机的底盘间尚未完全配合。经过一段时间后，磨损情况趋于稳定。最后激光合金层完全磨损掉，此时的磨损是基体的磨损。测试结果表明，激光合金化 WC、Co/W 试样的耐磨损性能分别比基体提高 80%、40%，比渗氮提高 50%、25%。

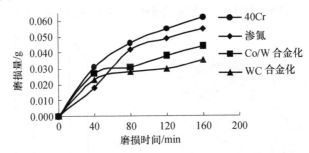

图 5-16　摩擦磨损曲线

螺杆经激光纳米合金强化后，表面平整光滑，其硬度比基体提高 3 倍，表面合金层厚度大于 0.25mm，实际使用寿命大大延长。装机试验表明，平均寿命提高 2 倍~3 倍。经济分析表明，采用激光表面合金化技术比氮化技术性价比提高 97% 以上，见表 5-3。

表 5-3　螺杆两种不同的表面强化处理经济性比较

	38CrMoAl 氮化	40Cr 激光纳米合金化
原材料（按 16.28kg 算）费用/元	114	82
机加工成型和校正与抛光费用/元	667	680
氮化（按 8.9kg 算）/激光合金化费用/元	46	500
单根成本/元	827	1262
使用寿命/天	30	90
性价比/(天/元)	0.036	0.071

根据小批量装机使用和上述的试验结果得知，激光合金化技术比氮化更具有优越性和可操作性，通过选用不同的合金粉，可获得不同的表面强化性能，满足不同使用工况要求，应用前景广阔。

5.4.4　塑料刀片激光合金化替代焊接

塑料粉碎机用刀片，若整体用高速钢制造容易变形和断裂，故用 65Mn 与高速钢焊接，刀片厚度 1.5mm，尺寸 25mm×100mm，工作速度快，并且常常遇到塑料增强剂使得刀片磨损,常规用钎焊方法实现连接,由于连接强度不够,容易断裂,于是用激光加过渡层实现了焊接,如图5-17(a)所示。然而,经过试验发现,若直接在65Mn上进行激光合金化处理,合金化材料用自制D-2,合金化层硬度可达800HV~1000HV,与高速钢相当,晶粒却比高速钢小得多,因此具备冲击韧性好的特点,不易崩刃,尤其是没有焊缝,不存在焊缝断裂。另外,当刃口磨损后还可以实现回收,在刀刃处重新合金化,完好如初。按照上述工艺,实现了批量化装机。图5-18为批量激光合金化处理的塑料粉碎机刀片。

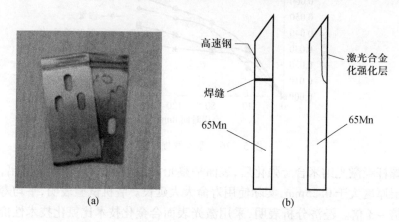

图5-17　塑料粉碎机刀片及其激光合金化工艺
（a）原65Mn与高速钢焊接刀片；（b）改用激光合金化替代原焊接工艺示意图。

图5-18　批量激光合金化处理的塑料粉碎机刀片

参 考 文 献

[1] 刘江龙,邹至荣. 激光表面合金的成分控制[J]. 应用激光,1989,(2):50-52.
[2] 姚建华,熊缨,陈智君,等. 不锈钢刀具刃口激光强化工艺设计与应用[J]. 应用激光,2002,23(3):125-129.
[3] 姚建华,熊缨,陈智君,等. 不锈钢刀具刃口激光表面强化组织性能研究[J]. 新技术新工艺,2002,(3):43-45.
[4] 陈智君,姚建华,楼程华,等. 激光表面合金化工艺在割草刀片中的应用研究[J]. 激光与光电子学进展,2005,42(8):58-60.
[5] 姚建华,谢颂京. 激光强化技术在刀具材料改性中的应用[J]. 激光产品世界,2004,05:37-40.
[6] 赖海鸣,王梁,姚建华,等. 2Cr13汽轮机叶片激光合金化的组织性能[J]. 应用激光,2009,29(6):507-510.
[7] 姚建华,于春艳,孔凡志,等. 汽轮机叶片的激光合金化与激光淬火[J]. 动力工程,2007,27(4):652-656.
[8] 姚建华,赖海鸣. 汽轮机末级叶片的激光强化技术[J]. 热力透平,2005,25(1):51-58.
[9] 孔凡志,王梁,姚建华,等. 激光强化汽轮机叶片材料的显微组织与显微硬度[J]. 材料科学与工程学报,2006,24:59-61.
[10] Yao J H, Wang L, Yu C Y, et al. Cavitation resistance of steam turbine blades after laser alloying[J]. Proceedings of the International Conference on Power Engineering-2007 (ICOPE-2007),Hangzhou,China,2007.10:1054-1058.
[11] Yao J H, Wang L, Zhang Q L, et al. Surface laser alloying on 17-4PH stainless steel for steam turbine blades[J]. Optics and Laser Technology,2008,40(5):838-843.
[12] Yao J H, Wang L, Kong F Z, et al. Impact fracture and residual stress analysis of 2Cr13 steam turbine blades after laser alloying[J]. Evaluation, Inspection and Monitoring of Structural Integrity, FM2008, 2008:439-442.
[13] 张伟,姚建华. 40Cr钢表面激光合金化及其在螺杆强化中的应用[J]. 金属热处理,2007,32(11):59-61.
[14] 王珏,杜槛时,姚建华. 激光纳米合金化表面强化螺杆的研究[J]. 应用激光,2007,27(6):470-472.
[15] Yao J H, Fang Z M, Zhang W. Study of technique and performance of laser beam welding for W18Cr4V and 65Mn[J]. Chinese Optics Letters,2004,(1):39-42.

6 激光熔覆表面改性技术与应用

6.1 激光表面熔覆工艺及特性

6.1.1 激光熔覆工艺技术

激光熔覆是在工件表面加入熔覆材料(送粉或送丝或预涂、喷等),通过高能密度激光加热,使熔覆材料和基体表面薄层金属迅速熔化,此时靠工件本身的导热,快速凝固为熔覆层,获得工件所要求的具有各种特性的改性层或修复层。

激光熔覆工艺影响因素与激光合金化类似(见第5章),其主要区别在于如何通过激光工艺参数和熔覆材料以及送入方式等因素的控制,使熔覆层化学成分基本上不变化,即使熔覆层成分由于熔化的基体材料混入而引起的成分变化(定义为稀释率)降至最低程度,以达到提高工件表面耐蚀、耐磨、耐热、减摩及其他特性的目的;而激光合金化则通过表面合金元素渗入基体,获得以基体元素为主导的合金化层,稀释率高。

激光熔覆层从金相学观察可分为四层:熔覆层、过渡层(覆层与基体冶金结合层)、热影响区、基体。其显微组织和性能以及生产效率等指标除了受基材和熔覆材料成分、激光工艺参数、单层或多层熔覆等因素影响外,还与熔覆材料供给方式有密切关系。最常用的有粉末粘结预置法和同步送粉法。

粉末黏结预置法是将粉末与黏结剂调制成膏状,涂在基体表面。常用的黏结剂有清漆、硅酸盐胶、水玻璃、含氧纤维素乙醚、硝化纤维素和环氧树脂等。其中后三种由于在低温下可以燃烧汽化不影响熔覆层的组织性能,且对辐射激光有良好的吸收率。该方法具有较好的经济性和方便性,但预置层均匀性差,需消耗更多的激光能量熔化,黏结剂汽化和分解易造成熔覆层污染和气孔等缺陷,此方法难以获得大面积的厚度均匀的熔覆层。故目前此法多用于局部小面积薄层改性和修复以及激光熔覆的基础研究。

同步送粉法是将以气体为载体的粉末直接送入熔池中,分为同步侧送粉法和同轴送粉法,其中侧送粉法有正向和逆向两种送粉方式,即工件运动方向与粉末气流运动方向的夹角 $<90°$ 为正向;$>90°$ 为逆向。后者合金粉末利用率高于前者。在同步送粉中,不仅激光工艺参数对激光熔覆层质量有影响,而且粉末的流量、给料距离、激光束与送料喷嘴的轴线夹角等参数也对其质量有作用。一般认为,粒度在 $40\mu m \sim 160\mu m$ 的粒状粉末具有最好的工艺流动性。采用尺寸过小的粉末易产生结团;反之,尺寸过大容易堵塞送料喷嘴。

同步送粉法与预置法相比具有很多的优点,如易实现自动化生产,可制备出多层、大面积熔覆层,大大降低了熔覆层不均匀性以及形成泪珠状表面特征的可能性,减少了激光对基体材料的热作用等。其缺点是粉末利用率低(40%～50%),必须配有复杂的送粉装置和排除粉尘污染以及粉末回收等装置。为此又发展了同步送丝法,它是在激光束焦点附近自动供给丝料使之熔化,并以细粒状进入激光熔池。此法比送粉法生产效率高,一次熔覆层厚度可达3mm,甚至更厚(取决于丝材直径和激光功率密度),材料利用率高,适合大批量生产,并可实现侧壁、内壁自动化堆焊。

6.1.2 激光熔覆特性

(1) 由于激光的高能量密度所产生的近似绝热的快速加热过程,激光熔覆对基材的热影响较小,引起的变形小、生产效率高。

(2) 可将高熔点材料熔覆在低熔点的基体表面,且材料成分亦不受通常的冶金热力学条件限制,因此所选用的熔覆材料的范围是相当广泛的,包括镍基、铁基、钴基、碳化物复合材料以及各种陶瓷材料等。

(3) 激光熔覆层的成分、稀释率、组织性能、厚度和形状均可控,为制备各种类型的复合涂层、双金属涂层零件以及使废旧零件实现再制造成为可能。

6.2 激光熔覆表面改性技术的机理

当强激光与金属表面和熔覆材料交互作用时,在金属表面熔池内存在金属熔体的对流运动。当激光照射时,激光光斑中心附近熔体的表面温度最高,其表面张力最低;而偏离熔池中心区域越远,熔体的表面温度越低,其表面张力越高。因此,在激光熔覆过程中,在熔池表面上存在表面张力梯度。正是这个表面张力梯度成为合金熔体在熔池中对流的驱动力,促使合金元素的混合搅拌,获得在宏观上成分基本均匀的熔覆层。

影响合金熔体对流的因素有激光功率、扫描速度、光斑尺寸、光斑能量分布均匀性、熔覆材料组分、浓度、黏度、密度和热物性参数等。它们的综合作用,决定了熔体的温度梯度、表面张力梯度,进而影响熔池中熔体对流、传热和传质。

因此,激光熔覆改性的机理来自以下几个方面:

(1) 熔覆合金元素的冶金反应生成某些特定性能的新合金表面,如耐蚀、耐磨、耐热、减摩及其他特性。

(2) 激光快速加热冷却特性造成的细晶效应获得高性能的表层。

(3) 控制熔覆层合金元素含量及热影响区,可以获得组织梯度过渡分布,从而获得所需性能。

6.3 激光熔覆表面改性的专用材料

激光熔覆层缺陷抑制方法及专用材料的研究不仅是激光熔覆技术中的前沿课题,而且是制约该技术开发应用的瓶颈。为此,本书重点总结,以便早日予以突破。

6.3.1 激光熔覆专用合金粉

早期国内外多采用热喷涂合金粉或在其中加入各种陶瓷硬质颗粒作为激光熔覆的材料,并在某些特定的零件上取得了一定的效果。热喷涂材料的液—固区间较宽,温度梯度小,有利缓解热应力且易获得光滑表面。而激光熔覆时,基材基本上处于冷态,温度梯度大,热应力大,因此要求激光熔覆材料比热喷涂粉末具有更好的塑、韧性。此外为了降低合金的熔点、便于造粒以防熔池氧化,在热喷涂合金粉中加入高含量的 Si、B 元素;而在激光熔覆过程中,由于熔池寿命短,这些过量的 Si、B 等合金元素不能有效上浮,以夹杂形式保留在熔覆层中,增加了裂纹敏感性。为此,在激光熔覆材料中应大大减少 Si、B 元素的含量。

事实上,激光熔覆的研究者都意识到借用热喷涂合金粉的弊端,并开展了许多有实用价值的铁基、镍基和钴基等专用合金粉的研究。如:K. Nagarathnam 等设计了 Fe–Cr–W–C 合金粉,覆层组织为细小的初生奥氏体枝晶间奥氏体与 M_7C_3 碳化物共晶,显微硬度约 800HV。张庆茂等设计了 (2.4%Zr + 1.2%Ti + 15%WC)/FeCSiB 合金粉,用预置激光熔覆技术制备出原位析出的颗粒增强金属基复合材料。贾俊红等在 Fe–C–Si–B 熔覆粉末中加一定比例的 Ti 粉能有效减少熔覆层的裂纹。赵海云设计了 Fe–Cr–C–W–Ni 合金粉末,获得了表面成形好、无气孔和裂纹的熔覆层,其硬度为 60HRC。李胜等设计了中碳混合马氏体(或低碳板条马氏体) + 少量残余奥氏体 + 少量碳化物合金粉,其硬度根据成分的不同,可为 30HRC ~ 60HRC,熔覆层无裂纹,无需预热和后热处理,该类型合金粉已成功用于大型轧辊、大型曲轴和精密模具上。姚成武等设计激光熔覆层的相区间在过包晶相区,防止了裂纹的产生,其组织为马氏体 + 残余奥氏体 + 原位生成增强颗粒,硬度为 65HRC,其硬度、耐磨性和韧性均高于 9Cr2Mo 冷轧辊用钢。

姚建华等基于微、纳米细晶强化、弥散强化理论的设计思想研发出铁基、镍基和钴基系列专用合金粉,满足不同工况条件下的技术要求。基于目前激光表面改性研究与应用中遇到的实际问题,研究发现,在高温远平衡凝固条件下,析出和相变与常规条件下差异甚大,在无法实施后处理的情况下要获得硬质相的析出需要异常高的过饱和度,这是产生应力和开裂的主因。提出了激光快速微纳米非析出弥散结构强韧化的设计思想,根据这一设计思想,在已有功能性基体粉体基础上,从两方面入手:一是用低热胀系数微纳米混合粉以及吸收率异常高的纯纳米陶瓷制备激光强化材料,如纳米陶瓷 Al_2O_3、介孔 WC 等,在激光作用下直接获得纳米颗粒钉扎弥散结构,而与相变析出无关(图 6–1,图 6–2);二是采用纳米碳管等材料,获得异常高的增碳作用,增加韧性,降低摩擦系数,获得强韧兼备的强化层(图 6–3)。

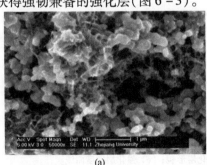
(a)

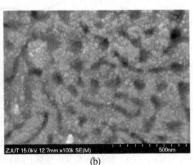
(b)

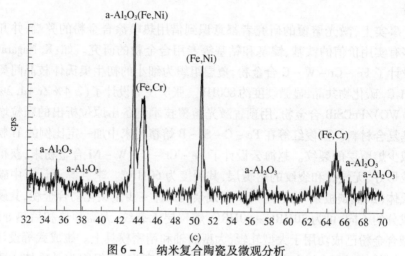

图6-1 纳米复合陶瓷及微观分析

(a) Ni 包纳米 Al_2O_3 + CNT 的 SEM 形貌;(b) 弥散分布的纳米 Al_2O_3(20nm~30nm);
(c) 强化层 XRD 分析。

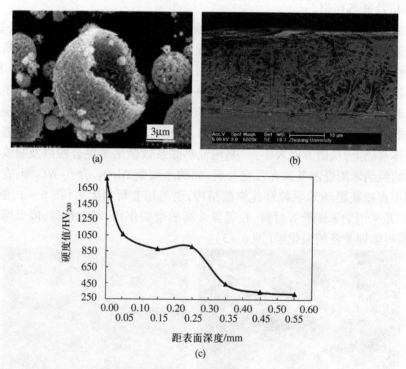

图6-2 介孔 WC 及其高硬度强化层

(a) 介孔纳米 WC 形貌;(b) 强化层形貌;(c) 强化层硬度曲线。

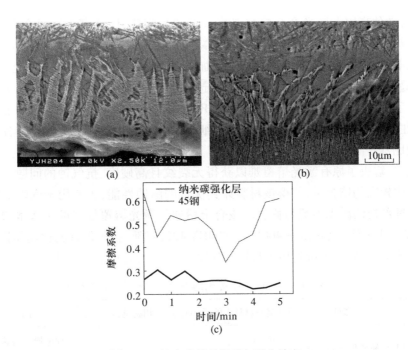

图6-3 纳米碳管的增碳与强化效应

(a) 20钢纳米碳管的增碳表层;(b) 45钢纳米碳管的增碳表层;(c) 45钢与纳米碳强化层摩擦系数对比。

从以上研究结果可见,通过合理的配比可以得到几种功能的复合效应,解决了激光表面强化层高硬度与高韧性间的矛盾及易产生裂纹的难题,达到了"硬而不脆"的效果,满足了典型工况条件下的技术要求。根据这一理论指导,研发出了3种体系的用于抗磨损、腐蚀以及抗高温等的功能性激光表面强化专用材料。

该粉末以钴与铬为基本成分,并添加了 Nb、Ti、V、Re(稀土)等元素。配比中高的铬(Cr)含量是为适应高功率密度激光熔覆特点,使其形成适量的碳化铬并提高固溶于基体中的铬含量,有利于强化基体和提高抗气蚀性能,编号H系列。根据应用对象和工况条件,研发出五个牌号的合金粉,见表6-1。加入少量的B与Si元素,目的是使粉末具有一定的自脱氧、造渣能力,且能"润湿"基材表面;同时,降低了熔点,又扩大了合金固、液相温度区间,使合金在熔融过程中具有良好的流动性和对基材表面良好的润湿性,而呈优异的冶金结合。

利用微米合金粉抑制少量纳米材料的团聚和长大,使其呈现细晶强化和弥散强化。根据金属材料的特点,绝大多数熔点较高的合金都具有低的热膨胀系数,所选的高熔点微米合金粉熔点略低于纳米陶瓷,但远高于普通合金元素。由于热胀系数低,这些合金对由骤热急冷造成的内应力予以缓冲,避免了裂纹、气孔等缺陷的产生。由于该粉末中添加了 Ti、V、Nb、Re 等元素,特别是 Nb 元素,提高了 M_6C_{23} 和 MC 型碳化物的稳定性,使显微组织的晶粒更细化,大幅地提高了硬度,增加了韧性与抗气蚀性。Re 的加入,目的是净化熔炼时的液体金属;在激光熔覆过程中,亦能起到强烈细化晶粒的作用。通过适当调整各元素的配比,该合金粉末的激光熔覆层具有无氧化、无夹杂、无气孔的优点,且抗裂性良好,解决了原有激光熔覆难以获得无裂纹且高硬度、抗气蚀的问题。由于成分中较高的铬含量,使得该材料兼具优良的耐蚀性能,主要用于汽轮机叶片抗气蚀部位的激光熔覆与修复。该合金粉通过激光熔覆处理可在基体(2Cr13 或 17-4PH 等)上获得呈 400HV~800HV 梯度过渡、抗气蚀性能比基体提高 2 倍的合金层,并已大批量用于汽轮机叶片、刀具等部件的表面改性中。

表 6-1 抗气蚀的激光熔覆专用材料(H 系列)

牌号	工况条件	适用基材材料	硬度/$HV_{0.2}$	专用材料施加方法	用途
H_1-1	片状易变形的局部薄层,要求耐磨零件	3Cr13 4Cr13 5Cr15	1000~1100	刷涂或喷涂	替代电镀的余热小机组叶片或厨刀,基体厚度≤2mm
H_1-2	截面尺寸差大、易变形零件,要求局部耐磨、耐冲蚀	2Cr13 45 钢	620	刷涂或喷涂	中等容量机组叶片如 30 万 kW 给水泵叶片等
H_1-3	要求高耐磨、高抗蚀零件	17-4PH 316 不锈钢 42CrMo	700	刷涂或喷涂	大容量机组叶片、核电站水泵叶轮、口环、螺杆、止逆环等
H_2-1	以优良的耐磨性为主,在<550℃条件下使用	结构钢	800	刷涂或喷涂	用于钢铁零件易磨损部分的合金化等
H_2-2	自熔性好,硬度高,耐磨,耐冲刷,在≤550℃环境下使用,熔点1040℃	各种铁基构件	900~1000	送粉	用于风机叶片、高温高压阀门、螺旋输送器、刮板等强烈磨损场合修复等

该材料由 1μm~5μm 的钴基合金,外加少量纳米 Al_2O_3、介孔球形 WC 或单

壁碳纳米管等组成 D 系列合金粉。根据工模具的工况条件和技术要求研发出六种牌号的专用合金粉(见表 6-2)。由于纳米碳管具有高弹性模量和高强度,其理论强度是钢的 100 倍,而密度仅为钢的 1/6,它作为第二相物质掺入涂层中,不但能控制 Al_2O_3 烧损和团聚长大,还能提高纳米陶瓷涂层的性能。该合金粉具有高的吸光性能,经激光熔覆处理可获得与基体(H13)呈 800HV ~ 1200HV 梯度过渡,耐磨性提高 2 倍以上,具有良好的高温性能(> 500℃)和易脱模性能,并通过多副热锻模具装机使用,效果良好。

表 6-2 抗磨损的激光熔覆专用材料(D 系列)

编号	工况条件	适用基材材料	硬度/$HV_{0.2}$	专用材料施加方法	用途
D-1	要求高硬度、耐一定温度、耐磨,基体厚度≥2mm	45、40Cr、40Mn	800 ~ 1000	喷涂	刀具刃口、冲压模具等强化、修复
D-2	各类刀具,基体厚度<2mm	不锈钢、45、65Mn、中碳钢	1000 ~ 1758	(电)化学镀	各类薄片刀具刃口
D-3	耐高温磨损	H13、H12、40Cr、45	800 ~ 900	刷镀	热锻模具、螺杆修复
D-4	抗热疲劳、磨损	H13	832	刷涂	压铸模具强化修复
D-5	大型模具	CrMo 铸铁	700	刷涂	大型轧辊、模具强化
D-6	以高温耐磨为主,可在 600℃ ~ 800℃条件下使用	工模具钢	600 ~ 800	喷涂	用于钢铁零件在高温条件下要求耐磨部位的合金化

深入研究发现,在强化材料中适当引入纳米陶瓷(Al_2O_3、介孔 WC 等)和纳米碳管等,产生了意想不到的效果,不同于传统的强化理论,建立了与相变、温度和析出硬质相无关的激光快速弥散强韧化新方法:①纳米 Al_2O_3 等颗粒成为异质核心,直接"钉扎"分散在强化层中,晶粒极度细化,造成强烈的晶粒细化和弥散强化效果;②纳米碳起到了对基体"异常增碳"的作用以及大幅减少摩擦系数;③介孔 WC 强烈的吸光作用和高韧性特性,"钉扎""弥散"的同时,激光熔覆层获得了高达 1758HV 的硬度,且不出现裂纹。

为了扩大该系列粉末的应用范围,在塑料模具钢 P20、20 钢、45 钢、2Cr13

不锈钢试样上制备纳米陶瓷涂层,预涂覆材料为 Ni 包纳米 Al_2O_3、WC、TiC,并在其中分别加入 1% 纳米碳管,用高功率 CO_2 激光以 12m/min 速度加热,均获得了纳米陶瓷涂层。用于模具的激光熔覆层显微照片和硬化曲线如图 6-4 和图 6-5 所示。

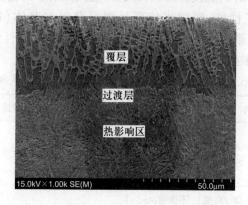

图 6-4 塑料模具钢 P20 激光熔覆层显微组织

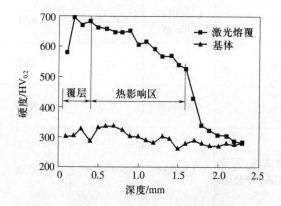

图 6-5 激光熔覆层与 P20 基体的硬度分布

本材料由 Cr、V、Ti、C 等金属化合物为强化相的 Ni 基合金组成,编号 F 系列。根据石化、电力等行业工件的工况条件和技术要求,研发出 5 种牌号的专用合金粉,见表 6-3。由于硬质合金元素弥散强化的作用,使本材料的激光熔覆层硬度大大提高。从腐蚀学的角度考虑,粉末的配比中应含有较高的铬含量,以满足基体(固溶体)高的铬含量(最好大于 20%),但是过高的含量会导致脆性相产生,因此,合理的成分设计,直接影响熔覆层的耐磨与耐蚀性能。Si

和 B 是作为抗气蚀元素加入的,从金相组织上看,形成 Ni-Fe-Cr 固溶体和硼化镍、硼化铬以及各种碳化物。随着 Cr、C、B、Si 含量的增加,不仅对覆层的固溶强化逐步加强,而且硬质点的数量也随之增加,使材料的抗滑移能力得以增强。当在气蚀面上存在大量均匀、弥散分布的化合物时,可以起到骨架作用,阻止气蚀进一步向基体内部侵蚀。用本系列牌号为 F-1 的专用合金粉在 45 钢螺杆试样上进行激光熔覆,可获得与基体呈 $450HV_{0.2} \sim 700HV_{0.2}$ 梯度过渡的熔覆层,满足了注塑机(橡胶)螺杆等化工装备件的耐介质腐蚀和磨损的要求。小批量激光熔覆的螺杆分别在多家塑机(橡胶)装备公司和塑料制品厂装机使用,与常规的氮化螺杆相比耐磨性提高了 3 倍~4 倍。

表 6-3 抗腐蚀磨损的激光熔覆专用合金粉(F 系列)

牌号	工况条件	适用基体材料	硬度/$HV_{0.2}$	专用材料施加方法	用途
F-1	耐磨为主,任意厚度	45 钢、40Cr、42CrMo	800~900	送粉或喷涂	橡机、塑机螺杆
F-2	耐蚀为主	普碳钢、1Cr13 及 18-8 不锈钢	180HB~250HB	送粉	聚合釜搅拌轴、碱液泵叶轮
F-3	耐蚀、耐磨	3Cr13	800	送粉	口腔手术钳
F-4	抗气蚀	2Cr13、2Cr13MoV、17-4PH 等	700	喷涂预置	汽轮机叶片、核电水泵叶轮
F-5	熔点低,流动性好,具有一定耐磨性,耐腐蚀性,≤550℃	铁基材料	200	送粉	用于钢铁零件熔覆或打底,可多次堆焊

6.3.2 激光熔覆专用药芯合金丝

药芯合金丝是将预先设计的合金元素混合后,用薄板(Fe 基)或不锈钢板(Ni 基)按不同丝的直径,控制送粉速率,在专用制药芯焊丝机上制成。用无级调速的送丝机与激光束同步实现激光熔覆,或称为堆焊。同步送丝比同步送粉法在材料利用率与熔覆效率方面有着显著优点。

姚建华等针对中大型工件要求大面积、高硬度、大厚度、无裂纹和侧壁、内腔等部位用同步送粉法难以实现的熔覆层,研制了铁基和镍基系列六种牌号的专用合金丝,见表 6-4。在 H-200 灰铁试样上,用 Fs-1 单层过渡,熔覆两层 Hs-2 合金丝,获得较大面积、高硬度、无裂纹的熔覆层,其过渡层和熔覆层金相组织及硬度分布曲线如图 6-6~图 6-9 所示。在 QT500-7 球铁试样上,用 Hs-1

表6-4 激光熔覆专用铁基(Hs)和镍基(Fs)药芯合金丝

牌号	丝直径/mm	应用对象和工况条件	适用基体材料	硬度	主要特性
Hs-1	φ3	各类钢铁工件的修补,作大面积高硬度厚熔覆层的过渡层	铸钢、铸铁、各类黑色金属材料	400HV	熔点较低,与钢、铁有良好的润湿性和流动性
Hs-2	φ2.5	要求耐磨粒磨损工件	铸铁、铸钢和各类钢材(需加过渡层)	900HV~1000HV	耐磨粒磨损,如不加过渡层易出现裂纹
Hs-3	φ2.5	要求具有红硬性的工件如热轧辊和热作模具	耐热合金钢、铸钢、铸铁(需加过渡层)	900HV~1000HV	具有高速钢特性
Fs-1	φ2.5	要求耐腐蚀磨损的石化业工件	各类不锈钢	30HRC~35HRC	耐腐蚀磨损、耐碱性良好
Fs-2	φ2.5	要求耐海水腐蚀冲刷的水利发电的工件	各类不锈钢	30HRC~40HRC	耐海水冲刷、耐酸性良好
Fs-3	φ2.5	以耐腐蚀为主的工件,多用来作原熔覆层的过渡层	各类不锈钢	20HRC~30HRC	耐腐蚀、韧性优良、流动性好

图6-6 Fs-1过渡层与灰铁基体横截面形貌

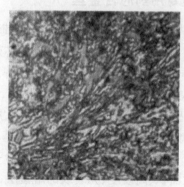

图6-7 Hs-2合金丝两层熔覆后横截面形貌

合金丝过渡,熔覆两层 Hs-2 合金丝,同样获得较理想的熔覆层;其过渡层和高硬度熔覆层金相组织及其硬度分布曲线如图 6-10~图 6-13 所示。并用该技术方案曾为大众汽车公司等修复了大型汽车后备箱拉深模具,提高了模具的使用寿命。在 H13 热作模具钢试样上,直接用 Hs-3 合金丝熔覆两层,获得 2.7mm 厚高硬度、高温耐磨、无裂纹的熔覆层,平均硬度为 922HV$_{0.2}$,超过高速钢的硬度,如图 6-14 所示。其金相组织如图 6-15~图 6-17 所示。该工艺有望在热锻模具上得到应用。

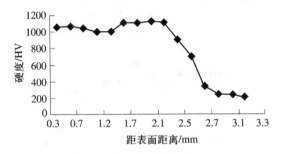

图 6-8 无过渡层 Hs-2 合金丝熔覆两层的硬度分布曲线

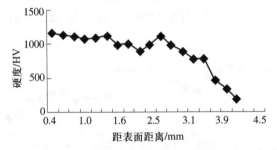

图 6-9 有过渡层 Hs-2 合金丝熔覆两层的硬度分布曲线

图 6-10 Hs-1 过渡层与 Hs-2 高硬度熔覆层横截面形貌

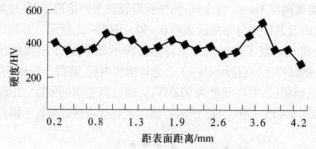

图 6-11　Hs-1 过渡层硬度分布曲线

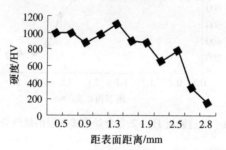

图 6-12　Hs-2 高硬度合金丝熔覆层(二层)硬度分布曲线

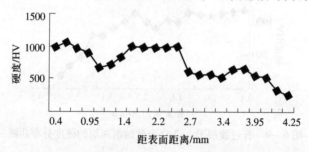

图 6-13　(Hs-1)一层过渡层+(Hs-2)二层高硬度熔覆层硬度分布曲线

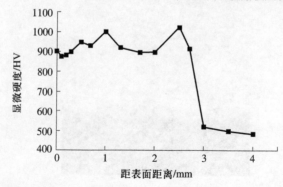

图 6-14　Hs-3 合金丝在 H13 模具钢熔覆两层硬度分布曲线

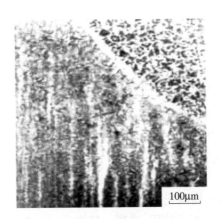

图 6-15　Hs-3 合金丝熔覆两层的断面宏观组织

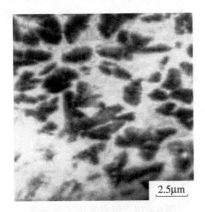

图 6-16　Hs-3 合金丝熔覆两层的显微组织

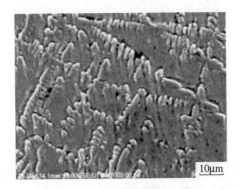

图 6-17　Hs-3 合金丝熔覆两层的组织 SEM 图

6.4 激光熔覆工艺参数对熔覆层形状及稀释率的影响

6.4.1 对熔覆层形状的影响

熔覆层形状是指单道激光扫描带横截面的形状,其主要影响因素有激光束光斑形状、尺寸及其空间强度分布状态、熔覆层与工件表面夹角 θ(接触角)、激光功率、扫描速度和送粉量等。

激光熔覆多采用多模激光束,聚焦方式有反射式非球面聚焦(简称窄带光斑),可在焦点或离焦状态下使用,光斑一般在 2mm ~ 6mm 范围使用,离焦量越大,光强分布越不均匀。另一种是宽带积分聚焦系统,在焦点状态下使用,一般有 10mm×1mm、15mm×1mm、20mm×1mm 等。前一种光斑光强分布为山峰形,后一种为平顶形,如图 6 - 18 和图 6 - 19 所示。

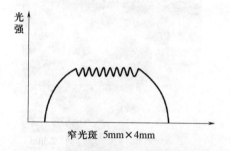

图 6 - 18 窄带光斑光强分布

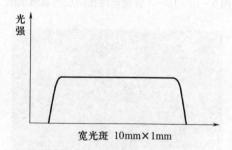

图 6 - 19 宽带光斑光强分布

当激光功率、扫描速度和送粉量固定时,熔覆层形状和尺寸主要取决于光斑形状和空间强度分布,如图 6 - 20 所示。

从图 6 - 20 得知,窄光斑作用下的熔覆层的 θ 角小于宽光斑,即熔覆层深

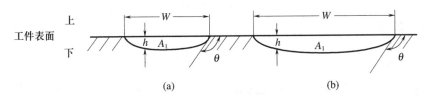

图 6-20 单道激光熔覆横截面示意图
(a) 窄带光斑；(b) 宽带光斑。

度的均匀性较差。在大面积熔覆、大面积修复时，θ 角小的熔覆带，其搭接量要大于 θ 角大的熔覆带，使其达到熔覆层深度均匀及表面平整的目的，例如第一道扫描带用 5mm×4mm 窄光斑，第二道应采用搭接量为 2mm~2.5mm；而用 10mm×1mm 光斑搭接量应为 1mm~2mm。

当激光功率和光斑固定时，激光扫描速度、送粉率与熔覆层高度(H)和宽度(W)的关系如图 6-21 所示。

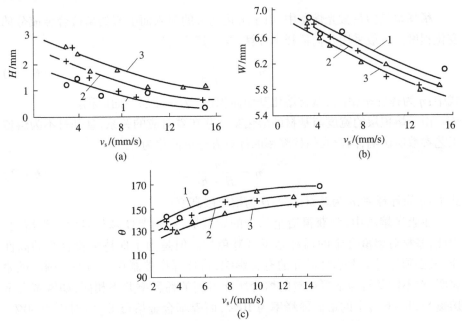

图 6-21 扫描速度、送粉率与熔覆层形状尺寸的关系
(a) $H-v_s$；(b) $W-v_s$；(c) $\theta-v_s$。

试验条件：基材 Q235，熔覆材料为 WF150 不锈钢粉，功率 $P=2$kW，光斑 $D=6$mm，曲线 1 送粉率为 9.3g/min；曲线 2 送粉率为 15.8g/min；曲线 3 送粉率为 20.9g/min。

在不同扫描速度下激光功率对熔覆层高度(H)和宽度(W)的影响规律如图 6-22 所示。

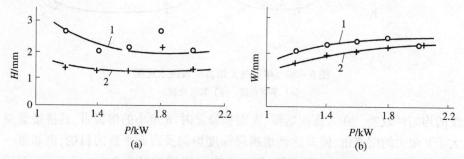

图 6-22 扫描速度和激光功率对熔覆层尺寸的影响

试验条件:基材为 Q235,熔覆材料为 WF150 粉,光斑 $D=6\text{mm}$,送粉率 v_p 为 11.9g/min,扫描速度分别为曲线 1 扫描速度为 3mm/s;曲线 2 扫描速度为 5mm/s。

6.4.2 激光工艺参数对稀释率的影响

稀释率是指在激光熔覆中,由于熔化基材的混入而引起的熔覆合金成分的变化程度。一般采用几何稀释率计算方法,其公式为

$$\eta = \frac{A_1}{A_1 + A_2} \tag{6-1}$$

式中:η 为稀释率;A_1 为基材熔化截面面积;A_2 为熔覆层截面面积。

由于熔覆层的宽度与基材的熔化宽度存在着对应的关系,且基材不为熔覆工艺参数所影响,因此几何稀释率的计算方法可简化为

$$\eta = \frac{h}{H + h} \tag{6-2}$$

式中:η 为稀释率;h 为基材熔深;H 为熔覆层高度。

在激光熔覆中,为获得冶金结合的熔覆层,必须要使基材表面产生熔化。因此,基材对熔覆合金的稀释是不可避免的。但是为了保持熔覆合金的高性能,又必须尽量减少基材稀释的有害影响,将稀释率控制在适当的范围。试验表明,对不同基材与熔覆材料的熔合所能得到的稀释率并不相同,如铁基合金熔覆 Stellite 6 合金的最低稀释率为 10%,而镍基合金熔覆 Cr_3C_2 时则为 30%。一般认为,稀释率控制在 10% 以下为宜。

由图 6-23 可见,在给定的预置粉末层厚和功率密度的条件下,稀释率随比能量的增加而增加,这是由于单位面积输入的激光能量的增加造成了更多的基材熔化的缘故。比能量对稀释率的影响还与预置粉末层厚度有关。预置粉

末层越薄,其稀释率随比能的增加就越高。这是因为预置层相当于激光束与基材间的隔离物,其厚度越小所起的隔离作用就越小,因此在增大比能时,稀释率迅速升高;反之,较厚的预置粉末层相当于一个光陷阱,可吸收大部分激光能量(高达80%),从而限制了基材的熔化量。

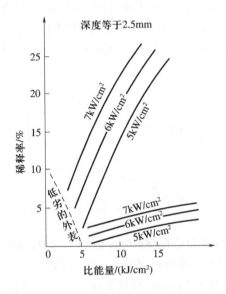

图6-23 稀释率与激光输入的比能量之间的关系

在相同的比能量下,不同的功率密度所对应的稀释率并不相同,稀释率随功率密度的升高而增大。这一效应主要与基材的热传导有关。

图6-24和图6-25示出了用同步送粉法激光熔覆有关基材熔化深度、稀释率与扫描速度和送粉率之间的关系(激光功率和光斑固定)。单位面积单位

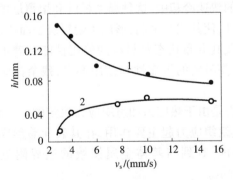

图6-24 扫描速度v_s与基材熔深h之间关系

时间内的粉末沉积越多,则所需的熔化能量也就越大,在输入的能量不变的条件下,基材熔深则随之变浅,即足够的送粉率可以起"热屏蔽"作用。因此在送粉率低于某值时基材的熔化深度随扫描速度的增大而减小,如图6-24中曲线1所示。当送粉量大于某值时,基材的熔化深度反而随扫描速度增加而增加,如图6-24中曲线2所示。在送粉率不变时,稀释率随扫描速度的增加而增大,在相同激光工艺参数下,随着送粉率的增大,稀释率则显著下降,可以认为送粉率是决定熔覆层稀释率的最关键因素,如图6-25曲线1和曲线2所示。

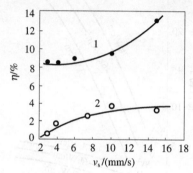

图6-25 在不同送粉量下,熔覆层的稀释率 η 与扫描速度 v_s 之间的关系

试验条件:基材 A3,熔覆材料 WF150 粉,激光功率为 1.2kW～2.0kW,光斑 ϕ6mm,曲线1送粉率为 9.3g/min;曲线2送粉率为 20.9g/min。

6.5 激光熔覆层裂纹、气孔的产生与控制

6.5.1 激光熔覆层应力状态

在熔覆过程中高能密度的激光束快速加热使熔覆层与基材间产生很大的温度梯度。在随后的快速冷却中,这种温度梯度和熔覆层的结构变化造成与基材体积胀缩不一致性,使其相互牵制,形成了熔覆层表面残余应力。

残余应力大小及其分布状态对材料的使用性能有着重大的影响。众所周知,残余压应力可提高材料的可靠性和使用寿命,残余拉应力则将导致裂纹的产生及扩展。

材料的应力状态是由于热应力和组织应力决定的。一般来说,激光加热使金属表面不熔化,其组织应力起主要作用,在其表面易形成压应力。而且这种压应力扩展得相当深,直到与基体金属接壤的边界附近才变成拉应力,如图6-26中曲线1所示。

当激光加热使金属表面和添加合金粉层熔化时,随着激光束的移动,熔池

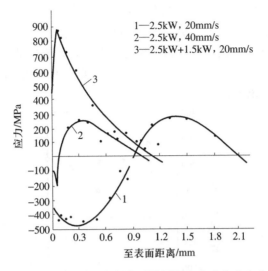

图 6-26 45 钢激光相变硬化后沿层深方向残余应力分布

内的熔液因凝固而产生体积收缩,由于受到熔池周围处于低温状态的基材限制而逐渐由压应力转变为拉应力状态。因此激光熔凝层内的应力通常为拉应力。这种应力状态与其自身的塑变能力和耐软化温度及基材特性有关,当塑变能力越好,耐软化温度越低,其残余应力也就相对减小。塑变能力较好的基材可通过塑性变形使熔凝层的应力得以松弛,而在冷却过程中热影响区可发生马氏体相变的基材则会促使熔凝层的残余拉应力增加,如图6-27所示。

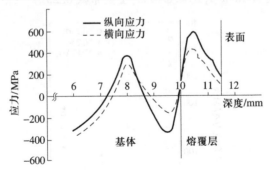

图 6-27 马氏体不锈钢基体上熔覆 Stellite 6 合金层应力分布

影响激光熔覆层应力状态和分布的因素有预热温度、重叠系数、扫描速度和光斑尺寸等。由图 6-28 可见预热温度在 400℃~500℃时,预热效果最好,过高和过低都不能使残余应力释放。由图 6-29 可见,残余应力随重叠系数的增大而减小。由图 6-30 可见,随扫描速度的增加,残余应力随之增大,在 6mm/s~8mm/s 处为最大

131

值,随后随扫描速度提高而减小。从图 6-26 中曲线 1 和 2 也看出扫描速度对应力分布的影响。由图 6-31可见,随着光斑尺寸的增大,熔覆层残余应力减小。

残余应力也可通过后热处理减小或消除。如熔覆层的膨胀系数与基材相同,可有效消除残余应力。若熔覆层的膨胀系数比基体大,则只能使残余应力减小,而不能完全消除。

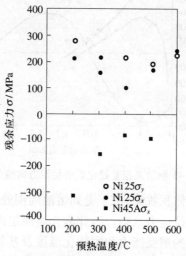

图 6-28 预热温度对激光熔覆层残余应力的影响

试验条件:Ni45A 和 Ni25 自熔合金粉火焰喷涂层厚 0.4mm,CO_2 激光功率 1.8kW,扫描速度 3.0mm/s,光斑 ϕ4mm,重叠系数 0.25。

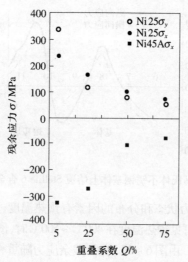

图 6-29 搭接扫描重叠系数对激光熔覆层残余应力的影响

试验条件:Ni45A 和 Ni25 自熔合金粉火焰喷涂层厚 0.4mm,CO_2 激光功率 1.8kW,扫描速度 3.0mm/s,光斑 ϕ4mm,重叠系数为变量。

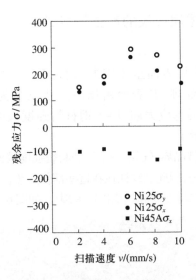

图 6-30 扫描速度对熔覆层残余应力的影响

试验条件:Ni45A 和 Ni25 自熔合金粉火焰喷涂层厚 0.4mm,CO_2 激光功率 1.8kW,光斑 ϕ4mm,重叠系数 0.25,扫描速度为变量。

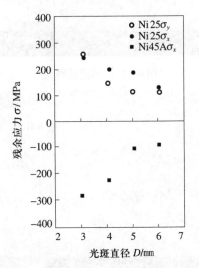

图 6-31 光斑尺寸对熔覆层残余应力的影响

试验条件:Ni45A 和 Ni25 自熔合金粉火焰喷涂层厚 0.4mm,CO_2 激光功率 1.8kW,扫描速度 3.0mm/s,重叠系数 0.25,光斑尺寸为变量。

6.5.2 激光熔覆层裂纹的产生与控制

一般认为激光熔覆层表面呈压应力状态,不容易出裂纹;但如果在该熔覆层基础上进行重叠处理,其表面由压应力状态变为拉应力,其峰值约为 370MPa(45 钢),由于局部应力超过 45 钢材料强度极限,因此产生了宏观裂纹,如图 6-26 曲线 3 所示。

由于激光熔覆层的枝晶界、气孔、夹杂等处断裂强度较低或容易产生应力集中;且熔覆层内存在着拉应力,因此裂纹往往在这些部位产生。按其产生的位置可分为三类:熔覆层裂纹、界面基材裂纹和扫描搭接区裂纹,如图 6-32~图 6-34 所示。

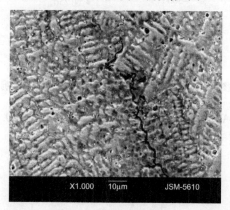

图 6-32 熔覆层裂纹

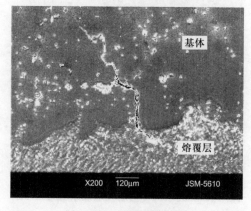

图 6-33 界面基材裂纹

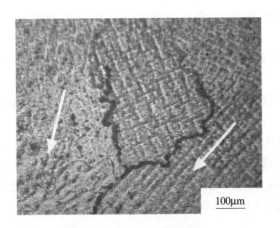

图 6-34　扫描搭接区裂纹

这三种裂纹出现的概率与熔覆层和基材的自身特性和缺陷等有关。当熔覆层的抗裂性优于基材时则裂纹易出现在界面基材内,反之则裂纹易在熔覆层内形成。对铸铁基材,其界面基材熔化层往往存在较多的气孔,石墨与周围基材交界处因石墨导热率极低还形成了较大的温度梯度,并产生了较高的热应力,因此裂纹主要产生在界面基材中。以钢为基材时,其基材的韧性往往高于熔覆层,再加上覆层自身的气孔等缺陷,因此裂纹主要产生在熔覆层中。

关振中等认为激光熔覆层裂纹的产生与基材的特性或合金化材料、熔覆层的厚度、预热和后处理温度、激光功率、扫描速度、光斑尺寸以及预涂层厚度或送粉率等因素有关。图 6-35 为单道熔覆层厚度 h、光斑 D 和能量密度 q

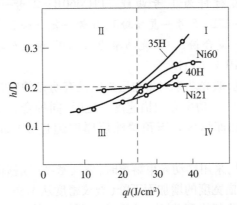

图 6-35　单道熔覆层厚度 h、光斑 D 和能量密度 q
对 40H、35H、Ni60 和 Ni21 熔覆层裂纹形成的影响

对 40H、35H、Ni60 和 Ni21 激光熔覆层裂纹形成的影响。其基材为 HT20-40，光斑为 7mm～11mm。按 $h/D=0.2$，$q=25J/cm^2$ 将其分割为四个相区，在相区 I 内可获得无裂纹的熔覆层，表明可用 h/D 和 q 来控制熔覆层裂纹的产生。

由图 6-36 可见，在预涂层厚度和激光功率一定时，随扫描速度的增加，熔覆层裂纹率呈上升趋势。由于球铁基材自身缺陷的影响，致使曲线波动很大，图中 1 号～9 号曲线是多次重复试验统计的结果，虽然重复性差，但总的变化趋势相同。为证实球铁基材对裂纹率的影响，在 GCr15 基材上进行了相同的试验，其结果如曲线 10 所示。由于基材缺陷大大下降，覆层裂纹率也显著下降，且未产生波动，说明基材特性对产生裂纹的重要影响。

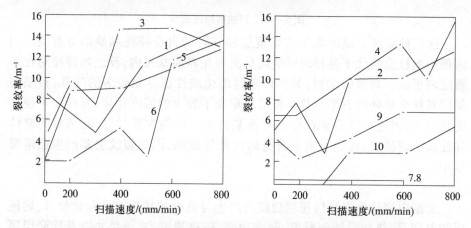

图 6-36　扫描速度对不同熔覆材料的修复层裂纹率的影响

试验条件：熔覆材料为 1 号曲线—PHNi60B；2 号—PHNi45B；3 号—PHFe50；4 号—PHFe25B；5 号—复合粉 1；6 号—复合粉 2；7 号—复合粉 3；8 号—复合粉 4；9 号—复合粉 5。激光功率为 1.2kW，预置层厚 0.8mm，曲线 1～9 基材为球铁，曲线 10 为 GCr15。

由图 6-37 可见，激光功率对熔覆层裂纹没有明显的影响。

由图 6-38 可见，当功率和扫描速度一定时，同种合金粉末熔覆的裂纹率随预置层厚度的增加而增大。当预置涂层厚度超过 0.9mm 时，裂纹率急剧增加。

由图 6-39 可见，采用摆动光束熔覆时，裂纹密度（纵横向裂纹总长与熔覆面积之比）随光束扫描宽度的增加而下降（裂纹密度从 $1.9cm/cm^2$ 降至 $0.3cm/cm^2$）。作为比较，图中标出了静止光斑 0.4cm 熔覆层的裂纹密度（虚线段），其峰值高达 $3.75cm/cm^2$。

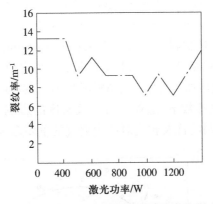

图 6-37 激光功率对熔覆层裂纹率的影响

试验条件：基材和熔覆材料及预涂层厚度均与图 6-36 相同，扫描速度为 400mm/min。

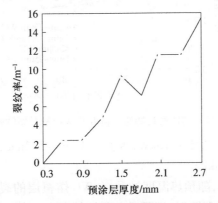

图 6-38 预涂层厚度对激光熔覆层裂纹率的影响

试验条件：同图 6-36。

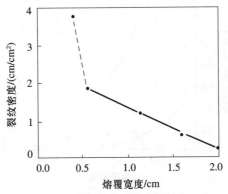

图 6-39 WC 激光熔覆带宽对激光修复层裂纹密度的影响

试验条件：CO_2 激光输入能量恒定，送粉量为 $0.5cm^3/s$，气压 110kPa～124kPa，熔覆层厚度 0.18cm～0.2cm，WC 体积百分比为 50%，基材为 Inconel 625，厚 15mm。

由图 6-40 可见，熔覆材料为 WC，粉末粒度在 $45\mu m$～$150\mu m$ 范围内，熔覆层的裂纹密度随着送粉量的增加而缓慢下降至一个定值；但当粒度小于 $45\mu m$ 时，裂纹密度随送粉量增加而增加。熔覆材料为 TiC，其粒度与 WC 相同（$45\mu m$～$75\mu m$），在相同的工艺参数下，送粉量对裂纹密度的影响得出与 WC 相反的结果。这说明了熔覆材料特性及粒度对产生裂纹的重要影响。

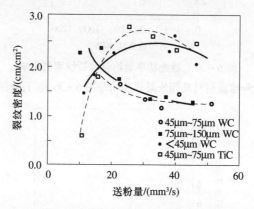

图 6-40　激光熔覆材料特性与粒度及送粉量对裂纹密度的影响

试验条件：CO_2 激光功率 10kW，熔宽 1.1mm～1.2mm，扫描速度 7.5mm/s，气体压力 80kPa～140kPa。

由图 6-41 可见，随预热温度的升高，WC 熔覆层的裂纹密度随之减少，当预热温度为 300℃～450℃时，即可避免裂纹的产生。由于熔覆宽度大时产生横向拉应力，所以熔覆宽度增加时要相应提高预热温度。

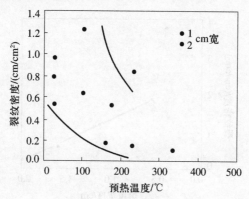

图 6-41　预热温度对 WC 熔覆层裂纹密度的影响

试验条件：WC 粒度 45μm~75μm，工艺参数：CO_2 激光功率 10kW，摆动光束 2mm，熔覆宽度 10mm，送粉量 5mm³/s，气压 110kPa，喷嘴距熔池高度 12.5mm，移动速度 7.5mm/s。当熔覆宽度为 20mm 时，送粉量 4.5mm³/s，气压 124kPa，喷嘴距离熔池高度 10mm，移动速度为 3mm/s。

综上所述，控制或避免熔覆层裂纹产生的原则如下：

（1）在基材冶炼和出厂前热处理要求成分和组织均匀，气孔夹杂等缺陷尽量少。

（2）外加合金元素尽量降低 B、Si、C 的含量。对熔点高的粉末应选粒度小（WC＜45μm）和送粉量少（≤10mm³/s）的参数。

（3）激光光束尽量选择线光斑（宽带积分聚焦）或摆动光束，使单道熔覆层的宽度尽量宽。

（4）预涂粉末的厚度不宜过大，以≤0.9mm 为宜。

（5）对热应力和组织应力敏感的工件，熔覆前应进行预热处理，一般温度≥300℃~450℃。对易出现裂纹的熔覆层还应采用后热处理消除应力。

（6）根据激光熔覆的快速凝固的特性和铸造组织特性，设计无裂纹、高强韧性激光熔覆专用合金材料。控制好低熔点共晶在晶界析出避免产生热裂纹。

6.5.3 激光熔覆层气孔的产生与控制

激光熔覆层的气孔多为球形，主要分布于熔覆层中、下部。从应力角度看，这种球形气孔易于应力集中而诱发微裂纹。当气孔在数量极少的情况下是允许的，但如气孔过多，则易于成为裂纹萌生地和扩展通道。因此控制熔覆层内的气孔率是保证熔覆层质量的重要因素之一。

激光熔覆层内的气孔是激光熔化过程中产生的，是在熔层快速凝固过程中气体来不及逸出而形成的。其主要成因是溶液中的碳与氧反应或金属氧化物被碳还原形成的反应性气体。

对于自熔合金，当其用于火焰喷涂时，是不产生反应气孔的。这是因为此类合金含有大量的硼和硅，它们优先与金属氧化物反应生成可上浮的硼硅酸盐，只要脱氧造渣时间足够长，金属氧化膜就会完全被脱掉，从而防止了不溶于液态合金的 CO_2 的生产。但是用激光熔化时，由于加热熔化时间极短，使脱氧造渣过程不充分，在溶液中残留着氧或氧化物，导致了高温下与碳发生了造气反应。

对于 WC-Co 系合金，其反应性气体的产生根源主要是 WC 的溶解或分解。在该体系合金中,WC在1340℃就开始溶解,析出碳的温度下降到1400℃,这就为反应气体的生成提供了碳源。由于没有硼、硅的脱氧造渣反应,再加上钴又极易氧化,而溶液中又存在较多的氧,因此造成比自熔合金更为激烈的造气反应。

在采用粘结法预置合金粉末的修复层中,如黏结剂选择不当,也可能在熔层中产生气体,形成熔覆层中残留的气孔。

综上所述,激光熔覆层的气孔是难以完全避免的,但可以采取某些措施加以控制,使气孔率降至不足以危害熔覆层质量的程度。常用的方法如下:

(1) 严格防止合金粉末贮运中的氧化和受潮,必要时需用前烘干。

(2) 合金粉末预喷涂或激光同步送粉时,要尽量减少基材和粉末的氧化程度,尤其是非自熔合金更应在保护气氛下熔化。

(3) 熔覆层应尽量薄,以便于熔池内气体的逸出。

(4) 激光熔池存在时间应尽量延长,以增加气体逸出的时间。

6.6 激光熔覆表面改性工业应用实例

6.6.1 激光三维熔覆大型超临界汽轮机叶片替代传统的镶嵌工艺

对于具有显著节能和改善环境效果的超临界和超超临界火电机组,其工作环境恶劣,炉内蒸汽温度>593℃、蒸汽压力>31MPa。这类大型叶片由于进气边的水气蚀严重,长时间使用后外观呈蜂窝状,边缘为锯齿状,严重时出现缺口,如图6-42所示,影响叶片的振动特性,降低叶片强度,增加了断裂的危险性。这类型叶片目前国内外在叶片制造中多采用镶嵌司特立合金片的方法提高抗蚀能力。但是这种方法在使用中易脱落,使停机更换次数增多。姚建华等在机器人带动光纤传输的大功率半导体激光加工系统上,采用自行研制的抗气蚀钴基合金粉,自动同步送粉实现了叶片的激光三维熔覆。叶片覆层硬度为$400HV_{0.2} \sim 438HV_{0.2}$,深度>1mm,并可以根据要求调节。覆层与基体呈冶金结合,组织致密,无裂纹,如图6-43、图6-44所示。取样部位及截面宏观形貌如图6-45所示。激光三维熔覆后叶片进气边宏

图6-42 叶片进气边受水蚀失效的宏观形貌

观形貌如图6-46、图6-47所示。

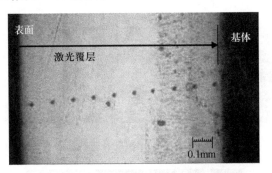

图6-43 叶片激光熔覆覆层截面形貌

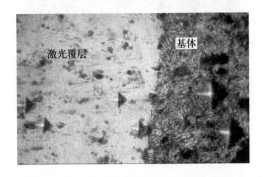

图6-44 激光熔覆层与基体结合处形貌

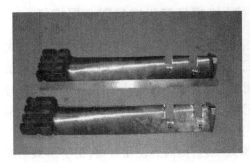
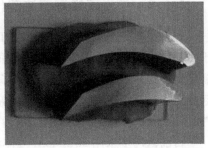

图6-45 叶片经激光熔覆后取样部位及截面宏观形貌

到目前为止,用该技术生产了500余件叶片,装机5台套,已全部在国内外机组运行,现仍在正常运行中。同时,该技术还可用于废旧叶片的再制造。

图6-46 激光三维熔覆叶片进气边宏观形貌

图6-47 批量生产激光三维熔覆叶片着色探伤检测照片

6.6.2 激光三维熔覆注塑(橡)机螺杆替代进口双金属螺杆

螺杆是注塑机、橡机的易损件,工况条件恶劣,螺杆在工作过程中不仅在大于400℃条件下需承受高压和扭矩,同时还承受熔料的磨蚀和预塑时的频繁负载启动。螺杆多因磨损造成与机筒间隙过大不能正常挤压而报废。由于螺杆起始工作时处于悬臂状态,螺杆的高速旋转导致螺旋线的顶部与机筒强烈刮擦,造成螺杆的螺棱磨损严重,降低了使用寿命,如图6-48所示。

目前国内多采用38CrMoAl气体渗氮工艺,提高其使用寿命,由于渗氮层厚度有限收效甚微。工业发达国家多采用双金属螺杆,由于高耐磨层有足够的厚度,可大大提高其使用寿命。我国因产品需要不得不花高价引进双金属螺杆。为此,姚建华等在六轴四联动的大功率CO_2激光加工系统上,采用H系列专用合金粉,自动同步送粉,实现了厚度可控的螺旋曲面熔覆。在螺杆螺旋面上进行单层和双层熔覆,其熔覆层表面形貌如图6-49所示。图6-50显示了单层

图 6-48 橡机螺杆螺旋线顶部的失效

图 6-49 激光覆层表面宏观形貌

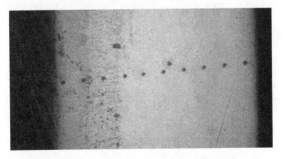

图 6-50 单层激光熔覆横截面宏观形貌

激光熔覆横截面宏观形貌；图 6-51 为热影响区与基体的显微形貌。

图 6-52 显示，单层激光熔覆层厚为 0.85mm，表面最高硬度为 $900HV_{0.2}$，层深在 0.1mm 以后平均硬度为 $814HV_{0.2}$，且分布均匀，无裂纹、气孔等缺陷。

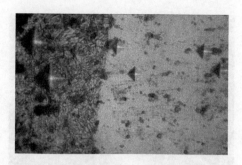

图 6-51 热影响区与基体的显微形貌

如图 6-53、表 6-5 所示,激光熔覆后的平均摩擦系数和失重分别为基体 40Cr 的 44% 和 35%,说明通过在 40Cr 表面激光熔覆获得强化涂层,能够大幅度提高

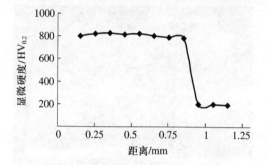

图 6-52 熔覆层硬度沿深度方向的分布

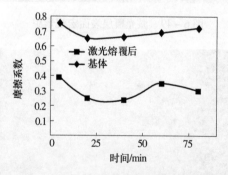

图 6-53 激光熔覆前后摩擦系数曲线

表 6-5 激光熔覆前后平均摩擦系数与磨损量对比

样品	基体 40Cr	激光熔覆后
平均摩擦系数	0.694	0.306
磨损量/mg	16.20	5.61

材料的耐磨性能。激光熔覆的层深可根据需要进行多次熔覆。上述的性能与进口的双金属螺杆性能相当。

用该技术对 $\phi150\times16D$ 等多种型号的注塑机螺杆、橡机螺杆、机筒进行了激光熔覆处理。

例如,图 6-54 是失效的 $\phi150\times16D$ 型螺杆用激光熔覆技术对齿部进行熔覆修复。其方法是:用机械方法去除已磨损的部位,测量出需修补的厚度,根据螺杆顶部型线进行数控编程以达到全自动联控,采用实用化工艺参数,在螺旋线顶部熔覆两层专用合金粉,获得了橡机螺杆螺旋线顶部 1.3mm 厚的修复层,表面光滑平整,无变形。经着色处理未见裂纹、气孔等缺陷,如图 6-55 所示。经装机,使用寿命比新品提高 50% 以上,图 6-56 为装机现场。

图 6-54 用激光熔覆技术修复螺杆的宏观形貌
(a) 螺棱顶部熔覆后总体形貌;(b) 熔覆处局部放大。

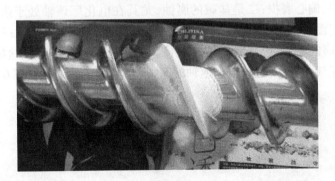

图 6-55 用激光熔覆技术修复螺杆的着色检验

综上所述,该技术不仅用于新螺杆的制造(替代双金属螺杆),而且可用于旧螺杆的再制造。该技术可以推广到其他易腐、易冲蚀磨损工件的表面改性和再制造。

图 6-56　φ150×16D 型橡机螺杆机筒装机现场

6.6.3　激光熔覆技术在石化系统的碱过滤器中的应用

密封加压过滤器是电化厂烧碱制备的重要设备，用来过滤电解液中未溶解的盐，该设备在运行中主轴磨损腐蚀最严重。其主轴长 3150mm，磨损面在轴和轴瓦接触面上，两头尺寸分别为：φ209mm×845mm，φ209mm×506mm，磨损段宽为 350mm 和 250mm，磨损深为 2mm~8mm。已失效碱过滤器轴全貌如图 6-57 所示。主要工况条件是：碱冷却器碱液进口温度 75℃，过滤压力 ≤ 0.196MPa，液位 ≤ 2/3 机腔，流量 ≤ 3L/s，滤后含盐 ≤ 1.2%。过滤器主轴失效原因如下：一是轴与轴瓦之间机械磨损，一旦机械密封出现局部磨损，造成轴下沉，引起轴瓦偏心磨损；二是盐碱的腐蚀，尤其在电化厂该轴处于强碱性环境，盐碱在一定温度下对 45 钢会加速腐蚀，造成主轴腐蚀磨损严重；三是碱气腐蚀，当主轴腐蚀后，造成密封面破坏，引起装置跑冒滴漏，高温度盐碱进入大气中蒸发成碱气，其碱气进一步加速轴的磨损和腐蚀，如图 6-58、图 6-59 所示。

图 6-57　碱过滤器轴全貌

图6-58　碱过滤器轴局部磨损腐蚀

图6-59　碱过滤器主轴局部化学腐蚀

该轴制造难度大，价值高，由于没有更好的技术方案修复失效的主轴，多数企业采用车削法修1次~2次，也有企业在轴失效后更换新轴。

为此，姚建华等采用激光熔覆与合金化复合强化方案解决了碱过滤器主轴的失效再生和提高新品使用寿命的问题。其技术方案是：选用自行研制的F系列（F-5）专用合金粉，采用优化的工艺参数对主轴进行激光熔覆，其深度取决于失效后缺失的尺寸。然后选H_2-1专用合金粉对其表面进行激光合金化处理，提高了覆层耐磨、耐蚀性能，如图6-60~图6-63所示。

图6-60　修复层宏观形貌

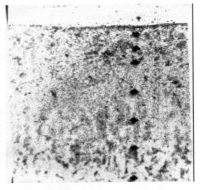

图6-61　修复层横截面
显微硬度及显微组织

从图6-61~图6-63得知：修复层硬度比基体提高2倍，耐磨性提高1.2倍，耐碱蚀性提高1.5倍。

修复后的碱过滤器主轴经装机运行后观察，没发现偏心、磨损和两侧碱跑冒滴漏等现象。其过滤性能达到工艺指标的控制要求，在集汁箱观察滤液清净度情况良好，生产的碱浓度能满足工艺要求。说明用激光熔覆技术成功地解决

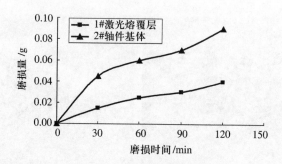

图 6-62 修复层耐磨性曲线

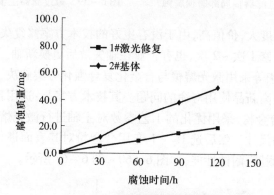

图 6-63 修复层耐碱蚀曲线

了碱过滤器主轴失效再生的问题。其装机过程和装后运行情况如图 6-64 所示。

图 6-64 碱过滤器主轴装机运行

6.6.4 用专用药芯合金丝激光熔覆大型汽车模具及卧螺离心机叶片

在球墨铸铁模具上采用 6.3.2 小节中阐述的工艺,用 Hs-1 合金丝过渡,熔覆两层 Hs-2 合金丝,可获得较理想的熔覆层,并用该技术方案为大众汽车公司等修复了汽车大型后备箱拉深模具,提高了模具的使用寿命。图 6-65 为对模具实施修复前的失效情况。

(a) (b)

图 6-65 汽车后备箱锁梁拉深模具激光修复前失效情况
(a) 后备箱锁梁拉深模具激光修复前;(b) 失效局部。

该模具为进口铸铁,和国内 QT500-7 相当,用于大众公司某型号的汽车后备箱锁梁拉深制造,工作失效方式主要为表面局部不均匀磨损,传统的解决办法是:①手工堆焊:常常出现热影响区大,修复层容易脱落;同时,手工难于控制,易产生气孔、组织不致密、成分不均匀和变形大等问题。②镶嵌硬质合金块,但常出现与基体结合处缝隙过大,使得后备箱锁梁不能满足质量要求而报废。采用飞行光路的 7kW 横流 CO_2 激光器,采用 Ar 保护,平均输出功率 3kW~4kW,扫描速度 0.4m/min,自动同步送丝多层熔覆,其送丝和熔覆工艺示意图如图 6-66 所示。用该工艺方法,对模具实施修复,如图 6-67 所示。修复后通过磨抛加工装机使用,停机率减少为原来的 1/2。

卧螺离心机是化工系统重要且易损设备之一,尤其是螺旋叶片,由于在酸性环境和高速旋转条件下磨、蚀极为严重。传统的解决办法是:①喷焊硬质合金,但常出现与基体结合强度低、有气孔、组织不致密、成分不均匀和叶片变形

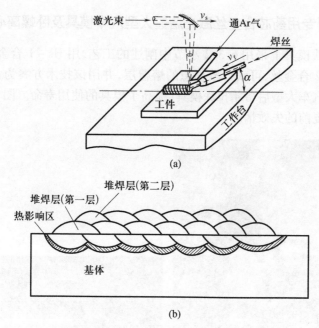

图 6-66 激光送丝熔覆修复工艺示意图
(a) 激光送丝堆焊示意图；(b) 多层熔覆截面示意图。

图 6-67 激光送丝熔覆修复过程
(a) 激光修复过程；(b) 激光修复后表面形貌。

大等问题。②镶嵌陶瓷片，常出现衬片与基体结合差，在离心机高速旋转时易脱落而造成事故。

为此，姚建华等在六轴四联动大功率 CO_2 激光加工系统上，选用自制 Fs-2 专用药芯合金丝，经编程，采用自动同步送丝，实现了厚度可控的激光熔覆，叶片基材为 1Cr18Ni9Ti，激光单层熔覆层厚 0.7mm~1mm，平均硬度 400HV，比基

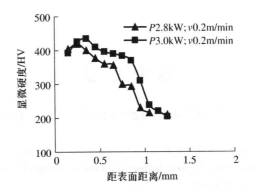

图 6-68 激光熔覆面硬度分布

P—激光功率；v—熔覆速度。

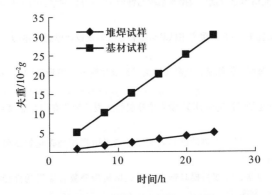

图 6-69 激光熔覆螺旋叶片对比磨损试验曲线

体提高 2 倍,并与基体呈梯度过渡,如图 6-68 所示。耐磨性比基体提高 5 倍,如图 6-69 所示。在酸性介质中有较好的抗腐蚀性能,如图 6-70 所示。经装

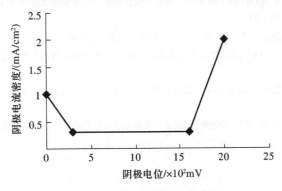

图 6-70 激光熔覆层极化曲线

机使用,效果良好。

参 考 文 献

[1] 姚建华,刘新文,张群莉,等.基于绿色再制造的多层激光送丝堆焊[J].应用激光,2005,25(2):84-86.

[2] Zhang Q. M., He J. J., Liu W. J., et al. Microstructure and properties of (2.4% Zr + 1.2% Ti + 15% WC)/FeCSiB layers produced by laser cladding[J]. Laser in Materials Processing and Manufacturing. Shanghai, China, 2002:253-258.

[3] 贾俊红,钟敏霖,刘文今,等.Ti 对 Fe-C 合金表面激光熔覆复合材料层组织和性能的影响[J].应用激光,2000,20(4):145-148.

[4] 赵海云.铁基激光熔覆合金设计及微观组织与性能研究[D].北京:中国科学院力学研究所博士学位论文,2001.

[5] 李胜,曾晓雁,胡乾午.激光熔覆专用铁基合金特点分析及设计思想评述[J].中国表面工程,2007,20(4):11-15.

[6] 姚成武,徐滨士,黄坚,等.铁基合金激光熔覆层裂纹控制的组织设计[J].中国表面工程,2010,23(3):74-79.

[7] 时阳,陈智君,姚建华,等.Inconel738 激光熔覆层的开裂行为研究[J].金属热处理,2011,36(3):72-76.

[8] 叶良武,张群莉,姚建华,等.热锻模具表面宽带激光熔覆超细碳化钨试验研究[J].应用激光,2007,27(3):164-168.

[9] 骆芳,陈智君,姚建华,等.塑料模具钢表面激光熔覆陶瓷复合涂层的性能研究[J].兵工学报,2010,31(7):933-938.

[10] 骆芳,陆超,姚建华.过渡合金层对激光多层送丝堆焊层组织性能的影响[J].激光与光电子学进展,2005,42(2):45-47.

[11] 骆芳,姚建华.过渡合金送丝堆焊对激光多层堆焊组织性能的影响[J].热处理,2005,20(1):25-29.

[12] 张群莉,姚建华,骆芳.热作模具 H13 钢表面激光堆焊类高速钢的试验研究[J].材料热处理学报,2005,26(4):95-97.

[13] 关振中.激光加工工艺手册[M].北京:中国计量出版社,1998.

[14] 张伟,姚建华.40Cr 钢表面激光合金化及其在螺杆强化中的应用[J].金属热处理,2007,32(5):59-61.

[15] 周卫家.抗碱蚀抗磨损激光修复碱过滤器工艺研究[D].杭州:浙江工业大学工程硕士学位论文,2004.

[16] 方志民,谢颂京,姚建华.卧螺离心机螺旋叶片激光堆焊应用研究[D].流体机械,2003,31(8):4-6.

7

激光熔覆法制备纳米结构表面改性涂层技术与应用

7.1 纳米结构涂层概述

纳米结构是以纳米尺度范围内(0.1nm~100nm)的原子、分子或原子团、分子团、颗粒等物质单元为基础,依照一定的规律,采用特定的技术手段重构或生成的一种新的体系。这种体系在某一维空间上由纳米亚结构组成。这些亚结构可能是纳米级的晶粒、颗粒或两者的复合。

选用特定纳米材料和技术手段在金属或非金属表面构筑或生成的纳米结构,即为纳米结构涂层(nano-structure coating,NC)。按照构成涂层的纳米亚结构的不同,NC涂层可分为纳米结构金属涂层(金属晶粒)、纳米结构陶瓷涂层(陶瓷颗粒)、金属陶瓷纳米结构复合涂层(晶粒和陶瓷的复合)。

目前构成NC的物质单元主要有金属粉末和纳米增强颗粒两种。所用的金属粉末有镍、钴等,由于它们的熔点低、韧性好,在NC中起粘结的作用;而纳米陶瓷颗粒和各种纳米氧化物和碳化物等起强化作用。

由于激光的高能量密度、功率可控性、快速熔化和凝固,使得激光表面改性或熔覆具有独特的精密性和局部热作用,从而被看作表面层处理的理想手段。它可以在相对低廉的基体材料上获得所需的表面性能。这种工艺最常见的目标是用来硬化表面以产生更高的耐磨性。随着纳米结构材料的发展,纳米材料已开始用于金属表面的薄膜涂层,产生不同于块体金属材料的微结构,由此在表面改性过程中形成有用的性能,如纳米结构 WC－Co 涂层、纳米尺寸氧化铝涂层。

7.1.1 纳米结构涂层制备方法

纳米结构涂层的制备方法较多,其中较常用的有喷涂(含常温、火焰和等离子喷涂等)、气相沉积、溶胶—凝胶、镀覆(电镀和化学镀)、电沉积法、磁控溅射法和激光熔覆法等。

(1)喷涂法是利用送粉设备将纳米团或纳米粉喷射到基体表面,纳米颗粒撞击基体并在其表面沉积形成纳米结构涂层。其优点是操作简单,涂层的厚度和面积易控。但涂层与基体结合性能不高,易脱落;当喷涂温度高时,纳米颗粒容易团聚长大,影响涂层的质量。

(2)气相沉积法分为物理气相沉积和化学气相沉积两种。前者是将需要蒸发的固体材料使之加热溶解至汽化(或直接升华),并沉积在基体表面。后者有热分解沉积和等离子增强化学气相沉积等方式。气相沉积纳米结构涂层表面比较致密、平滑;但工序较复杂,工艺要求高,此法适用于制备纳米薄膜。

(3)溶胶—凝胶法是将金属无机盐或有机金属化合物在低温下液相合成溶胶,用提拉或旋涂法使溶胶吸附在基体表面,经胶化过程成为凝胶,再经一定温度处理可得到纳米晶复合薄膜。该方法与基体结合性差,实用性不强。

(4)镀覆法是向镀液中加入纳米颗粒,用通电或化学镀的方法,使之与金属离子共同沉积在基体表面形成纳米复合镀层。此法工艺较复杂,当厚度较大时,涂层与基体结合性差,不能得到较厚的涂层。

(5)激光熔覆法是将纳米复合粉末(Ni、Co＋Al_2O_3、WC 等纳米粒子)预涂或自动送粉在金属基体表面,经高功率密度的激光束加热,使金属粉末先熔化成为熔池,纳米陶瓷颗粒弥散分布在熔池中,在随后快速冷却过程中,金属凝固、结晶,获得纳米晶结构,纳米陶瓷颗粒分布在金属晶粒之间保持纳米尺寸,形成金属—陶瓷复合纳米结构涂层。

7.1.2 激光纳米涂层的特性

用激光熔覆手段获得的纳米结构涂层,具有以下特性:①可通过不同纳米材料的混合进行成分设计,获得不同组织、性能的纳米结构涂层;②激光熔覆过程是一种表面冶金过程,因此涂层与基体呈冶金结合,不易脱落;③激光熔覆为快速凝固过程,其冷却速度一般超过 $10^4 ℃/s$,可直接获得纳米晶组织,有利于避免纳米粒子的团聚和熔覆层裂纹的产生;④激光处理的热变形小,尤其采用高功率密度和高速冷却的熔覆方法,可将变形降到工件装配公差之内;⑤激光熔覆法容易实现选区熔覆;且熔覆层厚度可控;⑥熔覆法制备纳米涂层的工艺过程易实现自动化。

7.2 激光熔覆制备纳米结构涂层的工艺技术

根据制备的步骤,制备纳米结构涂层的工艺技术可以分为纳米材料的预置工艺和激光熔覆工艺两个方面。

7.2.1 纳米材料的预置工艺技术

预置纳米材料通常采用电化学复合镀或刷涂法。对于化学复合镀法,复合镀液配方为:$NiSO_4 \cdot 6H_2O$ 264g/L、柠檬酸铵 56g/L、醋酸铵 23g/L、氨水 105g/L,向镀液中加入 Al_2O_3 干粉(30nm)20g/L。工件经过电净、水洗、表面强活化、弱活化、水洗、预镀纳米涂层,涂层形貌和元素分布如图 7-1 所示。

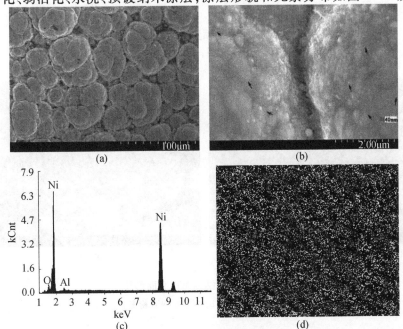

图 7-1 纳米复合镀 Al_2O_3 涂层表面形貌及能谱分析
(a). 表面形貌;(b)(a)的局部放大;
(c)纳米复合镀层能谱;(d)纳米复合镀层 Al 元素面分布。

比重较大的纳米粉(如 WC 等)在镀液中容易沉淀,难以得到均匀的复合镀层,因此需用刷涂法预置纳米粉。纳米 WC 粉体的制备是以偏钨酸铵为钨源,CO 为还原气体和碳源,采用喷雾干燥微球化处理——气固反应法制备出具有介孔结构空心球状的 WC 粉体。为避免刷涂层的不均匀性,采用交叉刷涂办法,如图 7-2(a)所示。刷涂厚度应在 0.8mm~1.5mm 为宜,如图 7-2(b)和图 7-3 所示。

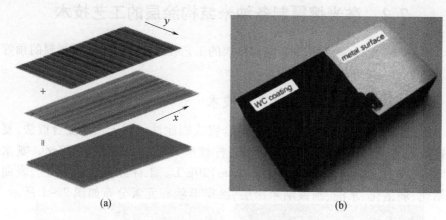

图 7-2 涂层预置示意图及照片
(a)涂层预置示意图;(b)涂层预置照片。

图 7-3 预置纳米 WC 表面形貌
(a) WC 粉末;(b) 放大的 WC 粉末。

7.2.2 激光熔覆纳米涂层的工艺技术

采用多模横流大功率 CO_2 激光器,激光功率为 3kW~4kW,为防止能量密度过高造成镍、钴的烧损和纳米氧化铝粒子的团聚应选用较高的熔覆速度,常用扫描速度为2m/min～12m/min,光斑应尽量选择经过积分聚焦的宽光束,具体尺寸应根据激光输出功率的能力决定,如额定输出功率为5kW的CO_2激光器,其光斑最大为ϕ7mm或10mm×1mm为宜。上述激光工艺参数需适当调整与优化,以获得性能优良的纳米结构涂层。

7.3 预置法制备纳米 Al_2O_3/Ni/CNT 复合涂层

纳米Al_2O_3具有硬度高、制造方法简单、产量大等优点。国内外学者在解决其应用的瓶颈问题上做出了许多努力,如采用Al_2O_3-Ni的复合包覆技术,有效提高了Al_2O_3涂层与Fe基材料的结合性,减少了裂纹、团聚等。目前,纳米粒子增强涂层的构筑方法主要有喷涂、镀覆、气相沉积。研究一种有效的构筑方法,以获得与基体结合良好的纳米Al_2O_3涂层仍然是目前需要关注的研究方向之一。激光熔覆具有能量密度高、加热和冷凝速度快等特点,有利于控制晶粒长大,并且熔覆层与基体结合良好。因此,采用激光熔覆技术制备纳米粒子增强涂层具有很大发展潜力。

目前,所用的纳米熔覆粉末主要有纳米氧化铝、纳米氧化钛、纳米碳化钨、纳米碳化硅以及它们与镍、钴等金属的复合粉末。其中,以纳米Al_2O_3的制备最为成熟,价格最低,产量最大,所以,首选纳米Al_2O_3作为应用的切入点最具应用价值和代表性。

7.3.1 制备方法

在激光熔覆中,熔覆喂料问题是获得均匀涂层的关键。纳米粉体颗粒非常细小(小于100nm),而激光熔覆的温度很高,因此在熔覆过程中粉末容易气化而飞溅到周围环境中,这就造成了材料浪费和环境污染,也使涂层的缩孔、气孔等缺陷增多。同时材料尺寸达到纳米级别以后,由于质量小,比表面积大,相互之间的吸引力大,在输送过程中容易团聚或吸附在管壁上导致堵塞送粉管,从而严重影响涂层的致密度和涂层的化学成分,甚至根本得不到涂层。因此,通常的纳米粉体一般不能直接用来熔覆,而是先通过一定的组装,将纳米粉末制成熔覆用喂料或熔覆前通过组装分散预置在表面。

目前纳米熔覆粉末的组装有喷雾造粒法和金属包覆法两种方法,现以金属包覆法组装纳米粉末为例,用自制悬浮黏结剂预置纳米Al_2O_3/Ni复合涂层以及用复合化学镀的方法研究其在激光作用下的组织性能。纳米材料选用Al_2O_3或

Al_2O_3 + CNTs,首先对纳米 Al_2O_3 进行清洗→粗化→催化等预处理,然后进行化学镀,主要过程为:脱脂→水洗→粗化→水洗→敏化→活化→水洗→化学镀。其中纳米颗粒为球型,直径 50nm,表面包覆镍后颗粒直径为 100nm~200nm。镍包覆基粉末中 Al_2O_3 的质量分数分别为 20%、30%、80%。本试验采用了预置的材料供给方法。涂层制作前,先向镍包纳米氧化铝粉末中加入 80% 体积的黏结剂和分散剂,经充分搅拌混合均匀后制成膏状物,涂敷于尺寸为 10cm×5cm×3cm 的 2Cr13 不锈钢试样表面。预制涂层厚度为 0.8mm~1.5mm,干后进行激光表面熔覆。为防止预置涂层在激光熔覆过程中掺杂及覆层脱落,在刷涂前对不锈钢试样进行了除水、除油等预处理。试验中采用氩气保护。

7.3.2 纳米 Al_2O_3 含量对组织、性能的影响

图 7-4 为纳米 Al_2O_3/Ni 涂层不同含量的 Al_2O_3 在同样的工艺参数下(P = 4kW,V = 2.5m/min,2Cr13 调质钢作为基体)涂层的表面 SEM 形貌。纳米材料的含量是指与混入金属粉末的质量百分比。当 Ni 含量相对纳米硬质颗粒较多时,纳米颗粒呈弥散分布,表层中的 Ni 足够补缩,传热性能好,趋向于发达定向树枝晶生长,不容易出现裂纹和团聚(图 7-4(a))。若纳米粒子过多时,在涂层中易产生裂纹和缩孔(图 7-4(b))。这是因为镍的粘结作用减小,纳米粒子易团聚使之局部富集,在团聚的地方便出现了裂纹和缩孔。

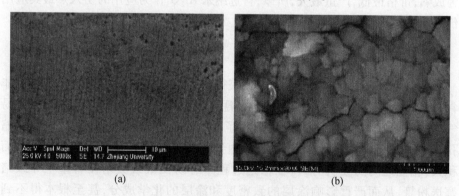

图 7-4 纳米 Al_2O_3/Ni 涂层中 Al_2O_3 含量对其表面组织的影响
(a) Al_2O_3 含量 20%;(b) Al_2O_3 含量 80%。

1)对硬度的影响

对熔覆层硬度沿深度分布的检测结果(图 7-5)表明,激光熔覆层可以分

为三部分:表面纳米涂层、过渡区和热影响区。因为激光熔覆时加热和冷却速度极快,存在很大的温度梯度,由此造成了显微组织由表及里的分区。从图7-5可知,80%氧化铝涂层的平均显微硬度为$750HV_{0.2}$,30%氧化铝涂层的平均显微硬度为$700HV_{0.2}$,20%氧化铝涂层的平均显微硬度为$600HV_{0.2}$。纳米Al_2O_3是作为强化粒子加入的,其含量增加,涂层的硬度必然随着增加。虽然80%氧化铝涂层的平均显微硬度最高,但其表面缺陷相对也较多。因此,试验结果与理论分析是一致的。

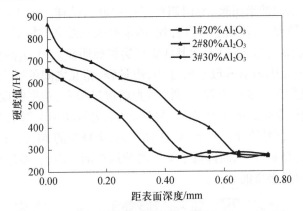

图7-5 三种不同含量涂层激光处理后的显微硬度曲线

2)对耐磨性的影响

为了探明涂层氧化铝含量对磨损性能的影响,进行对比磨损试验。当镍包纳米氧化铝中氧化铝的质量百分含量分别是30%和80%时的磨损性能对比曲线如图7-6所示。

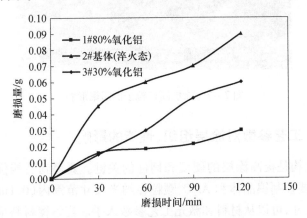

图7-6 不同Al_2O_3含量激光熔覆表面磨损曲线

磨损测试结果表明,随着镍包纳米 Al_2O_3 中 Al_2O_3 含量的增加,激光熔覆试样的耐磨损性能有较大提高。80% Al_2O_3 的耐磨损性能比 30% Al_2O_3 涂层的耐磨损性能提高了一倍,30% Al_2O_3 涂层的耐磨损性能比基体提高 1.25 倍。在滑动摩擦中,纳米 Al_2O_3 硬粒子承受载荷,因而其加入量越大,复合涂层的耐磨性越好。

3) 纳米氧化铝粒子的团聚

观察发现,30% ~80% Al_2O_3 涂层激光处理后或多或少都有团聚现象。为了观察涂层内部的纳米团聚,专门制作了涂层断口试样。图 7-7 所示是涂层的断口扫描电镜照片,从图上可以看到,纳米粉末在激光扫描后,涂层中仍有部分 Al_2O_3 呈团状保持在涂层中,尤其在涂层边沿较明显。Al_2O_3 晶粒的团聚主要有两个原因:一是因为纳米粒子尺寸小,质量轻,相互之间的吸引力非常大,在刷涂时相互吸附在一起而团聚;此外,激光熔覆过程中,功率密度过高,受热不均匀也是引起团聚烧结的重要原因,另外,光束边沿功率不够引起部分不熔化导致团聚的纳米保持下来。纳米 Al_2O_3 团聚后,大颗粒的 Al_2O_3 与镍和基体的结合性能变差,容易脱落,从而降低了涂层的使用性能。因此,通过预置涂层加分散剂,避免团聚是必要的。

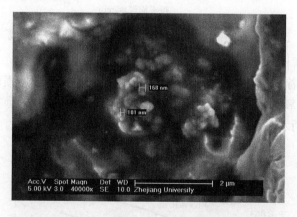

图 7-7 涂层断口粒子的团聚形貌

7.3.3 工艺参数对涂层组织、性能的影响

纳米晶结构是提高涂层的硬度和韧性的关键。要得到性能优异的纳米结构涂层,就需要控制镍晶体和 Al_2O_3 颗粒在纳米尺寸范围内(0.1nm ~100nm)。控制晶粒的尺寸,可以从材料和激光工艺参数入手。当熔覆材料成分配比选定后,只有通过调整激光熔覆的工艺参数来控制晶粒的长大和纳米颗粒的团聚。

激光工艺参数有激光功率、扫描速度和光斑大小等。当激光功率和光斑固定时,随扫描速度的增大,纳米颗粒的直径趋于减小,因为快速加热和短时间的停留是抑制颗粒长大和扩散的主要条件。而激光功率密度过高或受热不均匀会造成纳米颗粒烧损或团聚。

一般情况下,随着激光输出功率和光斑的确定,即单位面积的功率密度确定,扫描速度成为关键因素。尤其是对于纳米材料的处理,在很高的功率密度下,很容易导致纳米材料烧损或过熔而失去应有的作用。因此,激光的作用时间是激光处理的关键参量。

试验结果表明,随着扫描速度的增加,强化层厚度(包括热影响层)和熔覆层厚度减小,硬度增加。当扫描速度减小时,硬度明显减小。这是由于当激光作用时间增加时,表面纳米材料被稀释或烧损,纳米强化作用减弱,表现为硬度降低,基本与未涂纳米材料的激光重熔相当;而若扫描速度过快,表面熔化层减小,同时,会伴随纳米材料未全熔而处于烧结态,虽然硬度高,但表面存在许多微裂纹。

7.3.4 纳米材料的复合对涂层组织、性能的影响

用催化法制备的单壁纳米碳管直径为 1.2nm,管长可达 1μm,长径比为 100~1000,其理论强度是钢的 100 倍,而密度仅为钢的 1/6,并具有韧性较好(理论最大延伸率达 20%)、重量轻、弹性模量高等特性。

选用化学镀法制备的镍包纳米氧化铝系列粉末作为熔覆粉末,其中纳米氧化铝颗粒为球型,直径 50nm。纳米碳管的外径为 40nm~60nm,长度为 600nm~1000nm。镍包覆基粉末中镍的质量分数分别为 80%~20%,加入的纳米碳管与镍包纳米氧化铝的质量比为 1%~2%。纳米碳管与镍包纳米 Al_2O_3 按重量比为 1:99 复合后的电镜照片和 XRD 衍射图如图 7-8 所示,从图中看出纳米碳管分布在金属镍晶粒和 Al_2O_3 粒子之间。激光功率为 4kW,为防止能量密度过高而引起镍的烧损和纳米氧化铝粒子的团聚,试验采用了较高的激光熔覆速度,扫描速率为 10m/min~12m/min,光斑尺寸为 3mm×4mm。

复合纳米材料经激光熔覆后涂层表面形貌如图 7-9(a)所示。纳米碳管的加入提高了纳米 Al_2O_3 的晶粒长大激活能,对晶粒长大和纳米 Al_2O_3 颗粒的团聚造成了一定的阻碍,达到了细化晶粒的作用。纳米碳管与镍包纳米Al_2O_3复合后涂层获得了增强韧性、硬度和耐磨性的效果。图 7-9(b)为熔覆层截面的主要组织特征,与单一 Ni-Al_2O_3 涂层不同,加入纳米碳管之后,熔覆层中出现了 Fe-C 共晶莱氏体特征的组织,硬度也有所增加,如图 7-10 所示。这是由于纳米碳的加入对基体产生了明显的增碳效应,使得基体的碳含量增

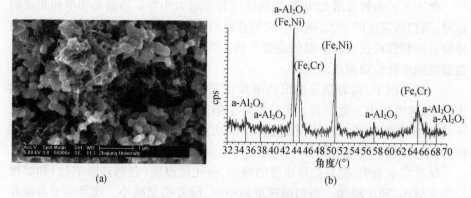

图7-8 Ni包纳米 Al_2O_3 +CNT 的 SEM 形貌及 XRD 衍射图

(a) Ni 包纳米 Al_2O_3 +CNT 混合粉体形貌;(b) XRD 衍射图。

加,加上快速冷却就出现了高碳共晶组织。磨损试验表明,纳米碳管的加入降低了摩擦系数,磨损失重量显著降低,耐磨性比单一的 Ni - 纳米 Al_2O_3 提

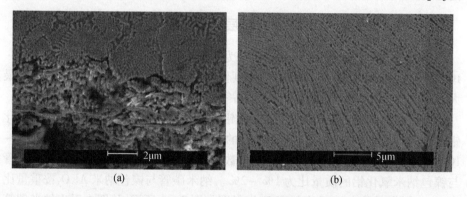

图7-9 Ni - 纳米 Al_2O_3 - CNT 复合涂层在激光作用后的组织特征

(a) Ni - 纳米 Al_2O_3 - C 管复合涂层表面形貌;(b) Ni - 纳米 Al_2O_3 - C 管复合涂层截面。

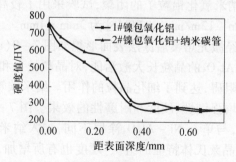

图7-10 两种涂层激光作用后显微硬度曲线

高,如图 7-11 所示。

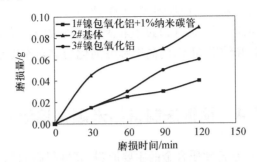

图 7-11 Ni-纳米 Al_2O_3、Ni-纳米 Al_2O_3-CNT 及基体的对比摩擦磨损曲线

7.3.5 形成机理分析

激光熔覆后,纳米氧化铝晶粒部分团聚,部分分解,部分仍然保持粒状,晶粒大小为 50nm~100nm,弥散分布在表面覆层中。

激光熔覆镍包纳米氧化铝涂层的冶金过程与众多纳米涂层类似,但也有着自身的特点。此过程中激光作用时间极短,是典型的快速熔覆。由于 Al_2O_3 等金属氧化物陶瓷比 Ni 基自熔性合金熔点高得多,在激光束扫描过程中,由于激光扫描速度足够快,激光作用时间很短(0.02s~0.04s),镍和表层金属基体熔化,形成液态熔池,纳米氧化铝粒子弥散分布于熔池中,形成非自发形核。在随后的冷凝过程中,由于熔池的冷却速度非常快,而且基体的导热速率要远远高于空气,在熔凝区形成了很大的过冷度,液态金属非自发的形核、结晶、固化,形成极细的树枝晶粒。纳米氧化铝粒子镶嵌在晶粒中,并与晶粒一起构成了胞状枝晶。

纳米氧化铝溶于基材中产生固溶强化,同时纳米氧化铝可以有效地抑制晶粒的长大,从而提高材料的力学性能。由 Hall-Petch 公式可知,金属陶瓷组织的细化可以明显提高材料的屈服强度。

在适当的工艺和合金配比下,可以保证纳米 Al_2O_3 不被烧损,同时激光又能熔化基体及复合相 Ni,因此,纳米颗粒可以有效增加基体金属的形核率,细化涂层组织。纳米 Al_2O_3 粒子自身具有很高的硬度,分布在基质合金中,对晶粒长大造成一定的阻碍,起到了弥散强化和细晶强化的作用。同时,非平衡凝固现象突出,导致枝晶间成分不均匀、过饱和现象加剧。

前面的组织分析表明,加入纳米 Al_2O_3 的复合涂层表面与激光重熔不同,从定向发达的树枝晶转变为等轴晶和致密的胞状树枝晶组织,无表面过热现象,表面等轴或胞状晶粒直径为 1.0μm，比激光重熔时的晶粒小 4 倍左右，比基体小 8 倍~9 倍，内部纳米亚结构是纳米 Al_2O_3 粒子构成的二次晶粒，最后，形成纳米 Al_2O_3 粒子与(Fe,Ni)和(Fe,Cr)过饱和固溶体构成的胞状树枝晶。

可见，晶粒细化和纳米 Al_2O_3 的高度弥散强化的综合作用是导致涂层强化的主要原因。

7.4 预置法制备纳米碳化钨涂层

碳化钨(WC)是制备硬质合金的主要原料，硬度很高而韧性较低，这一缺陷使 WC 硬质合金的应用受到了很大限制。WC 的粒度尺寸基本上决定了硬质合金的力学性能。随着纳米技术的发展，纳米 WC 粉末的制备方法和工艺日趋成熟。

当粒度降低到纳米级范围时，材料的力学性能开始发生剧烈的变化，其强度、硬度和耐磨性能都得到显著提高，而且能在提高硬度的同时改善材料的韧性。因此，使用纳米 WC 粉为原料生产高硬度、高韧性的硬质合金成为可能。

目前，国内外纳米 WC 类金属陶瓷涂层的构筑主要采用的是喷涂法，包括火焰喷涂、冷喷涂、等离子喷涂等。这些方法或多或少都存在一些问题，特别是晶粒尺寸在构筑过程中不容易控制，在冷却时晶粒迅速长大，降低了涂层的硬度和韧性。将激光熔覆引入 WC 硬质合金涂层的制备过程，利用其能量密度高，加热和冷凝速度快等特点，能够控制晶粒长大，有望得到较高硬度的致密涂层。因此，激光熔覆的方法提供了一种提高纳米硬质合金强度和韧性的新途径。

目前，国内外学者对激光熔覆 WC 增强涂层的研究较多，主要问题集中在熔覆 WC 时裂纹很难避免。一般认为，激光熔覆后材料的裂纹主要有以下几种：熔覆层内的弥散裂纹；源于激光熔覆层边缘的粗大裂纹；WC 颗粒上的裂纹。因此，裂纹问题已经成为应用的关键瓶颈。激光熔覆开裂是由于熔覆层与金属基体的热膨胀系数相差较远(WC 的线膨胀系数 $3.84 \times 10^{-6}℃^{-1}$，2Cr13 钢的线膨胀系数 $10.5 \times 10^{-6}℃^{-1}$)，在熔覆过程中形成残余拉应力所致。同时在各种激光熔覆工艺参数作用下，还受强化相(WC 颗粒)的大小、分布，以及合金粉的成分比例等因素的影响。

7.4.1 制备方法

WC 粉体采用以偏钨酸铵为钨源，CO 为还原性气体和碳源，采用喷雾干燥微球化处理—气固反应法制备了具有纳米介孔结构空心球状的 WC 粉体，碳化钨粉体为 WC 相,化学成分为 W、C、O,W 与 C 的原子比接近 1∶1,具有特殊的电催化和化学催化性能,直径为 100nm~300nm,如图 7-3 所示。

试验采用的设备有 7kW 横流 CO_2 激光器、多功能数控机床系统、气体保护设备以及各种检测设备等。功率密度 $1.1 \times 10^4 W/cm^2 \sim 1.5 \times 10^4 W/cm^2$,扫描速度 10m/min。

采用了预置的材料供给方法。涂层制作前,纳米 WC 粉末中加入体积比 80% 的黏结剂,经充分搅拌混合均匀后制成膏状物,涂敷于尺寸为 10cm×5cm×3cm 的 2Cr13 不锈钢试样表面。激光熔覆在氩气气体保护下进行快速扫描。激光熔覆完成后,为检验所获得涂层的组织性能,对涂层进行了显微组织、硬度、耐磨损等检测试验。

7.4.2　激光扫描后的组织转变及分析

对涂有 WC 的表层采用上述参数,对其表面进行激光扫描,熔覆层表面组织形貌如图 7-12 所示。为了分析涂层的相组成,进行了 X 射线衍射试验分析,如图 7-13 所示。XRD 试验数据表明 WC 复合涂层由 WC、W_2C、Fe 和 Fe_3C 组成。

 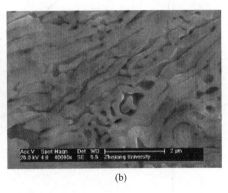

(a)　　　　　　　　　　　　　　(b)

图 7-12　WC 涂层在激光处理后的表面 SEM 图像
(a) WC 涂层处理后的表面 SEM 图像;(b) WC 涂层处理后的表面高倍 SEM 图像。

从 W-C 二元相图可知(图 7-14),δ(WC)相、β(W_5C_3)相、γ(W_2C)相三相中只有 δ(WC)在室温下平衡存在,其他两相都在高温下存在,β(W_5C_3)相在 1250℃以上、γ(W_2C)在 2535℃以上存在,而图 7-13 中 XRD 显示室温下存在有 γ(W_2C)相,是激光快速非平衡凝固下的非平衡组织。

从图 7-15 所示的 Fe-C-W 三元相图推断,在靠近 W 一侧,即以 W 为主的

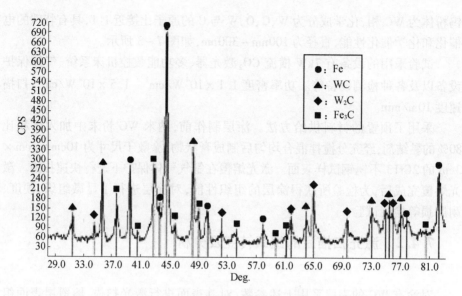

图 7-13 涂层的 XRD 分析数据

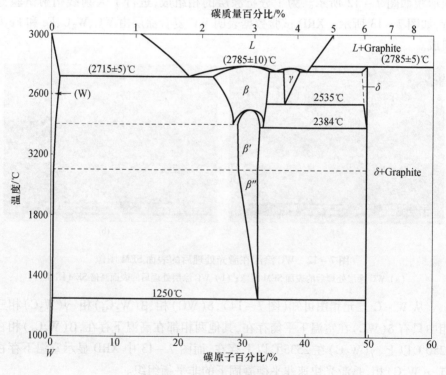

图 7-14 W-C 二元相图

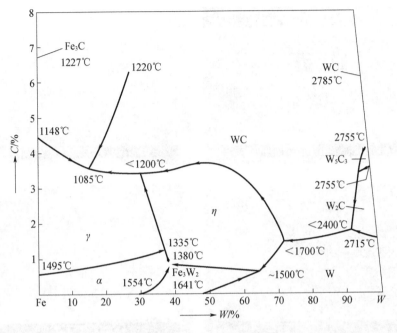

图 7-15 Fe-C-W 三元相图

最表层,2535℃以上存在四相平衡包共晶转变获得 γ(W_2C) 相:L + β(W_5C_3) → δ(WC) + γ(W_2C),γ(W_2C) 非平衡相由于快速冷却被保留下来;在靠近 Fe 一侧,即在靠近基体次表层,在1085℃以下,发生包共晶转变:L + Fe_3C → γ-Fe + δ(WC),所以,对表层的 XRD 综合分析结果为 WC、W_2C、Fe 和 Fe_3C。故其显微组织应该是(WC 和 W_2C) + (Fe 和 Fe_3C) 的混合共晶体,呈现细化的叠片状组织。

覆层横截面的显微组织如图 7-16 所示。图 7-16(a)显示熔覆层整体形貌,厚度为 20μm~25μm,覆层均匀,从结合面到表层组织存在明显差异:结合面处为平面晶生长,与基体呈完全冶金结合,如图 7-16(d)所示;覆层中间为沿结合面开始生长的树枝晶,一次晶较为粗大,如图 7-16(c)所示;近表层为高度细化的层叠状共晶体,其层片间距仅为 70nm~75nm,形成纳米晶结构,如图 7-16(b)所示。

枝晶的形成是因为熔覆区在试样的表面温度梯度最大,同时在固—液界面前沿满足成分过冷的条件,因此冷却后形成了胞状枝晶结构。进一步分析发现,枝晶的主要元素是 Fe,由此推断,覆层中发达的树枝晶应为初生的过饱

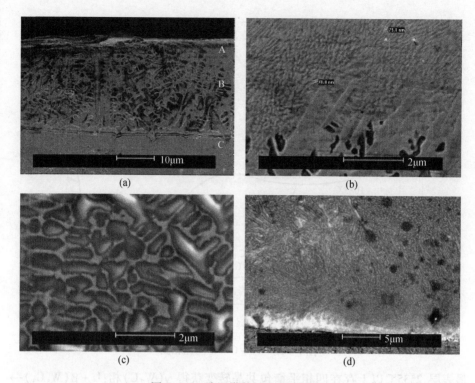

图 7-16 涂层横截面的 SEM 照片

(a) 涂层截面形貌；(b) 涂层截面 A 处组织；(c) 涂层截面 B 处形貌；(d) 涂层截面 C 处形貌。

和 Fe(C,W,Cr) 的固溶体，以枝晶方式生长；而枝晶间组织元素主要有 Fe、C、W 等，所以，为 Fe-C-W 的网络状共晶体组织，共晶体在初生奥氏体晶界呈连续或半连续分布，这和前面相图分析结果相互吻合，而表面高度细化的组织是由于涂层中纳米 WC 异质形核，阻碍晶粒长大的结果。

7.4.3 表层性能分析

使用 HDX-1000 数字式显微硬度仪测量了 2Cr13 试样激光熔覆 WC 涂层横截面的硬度，加载质量为 200g。硬度曲线如图 7-17 所示。

如上所述，激光熔覆后，横截面可分为表层熔覆区、过渡区、热影响区和基体四部分。由于各部分的成分、组织不同，因此性能也有差异，这在显微硬度曲线上有明显的反映。从图上可看出，表面以下 0.10mm 范围内属于熔覆区，平均硬度为 $1200HV_{0.2}$，表层最高硬度达 $1758HV_{0.2}$；0.10mm~0.25mm 为过渡区，平均硬度为 $900HV_{0.2}$；0.25mm~0.40mm 为热影响区，硬度从 $850HV_{0.2}$ 降到

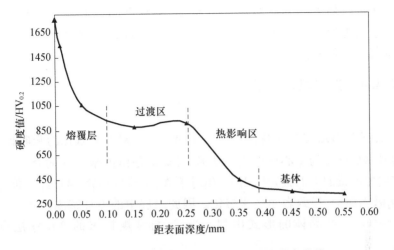

图 7-17 激光熔覆 WC 涂层的显微硬度分布曲线

$350HV_{0.2}$，呈线性递减趋势；其下为基体的原始组织。硬度提高的原因是 WC/W_2C/Fe_3C 这样一些高硬度化合物的强化作用所致。

将试样切割成 $\phi 5mm$ 的试样块，然后在 MPX-2000 型销盘式摩擦磨损试验机上进行耐摩擦磨损试验。磨损试验所加负荷为 900N，主轴转速 1102r/min。获得的磨损对比曲线如图 7-18 所示。

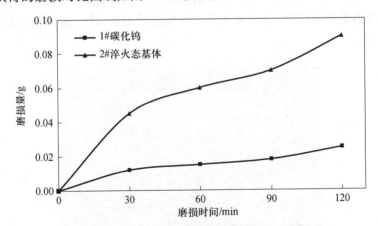

图 7-18 纳米 WC 激光熔覆层磨损对比曲线

摩擦磨损测试结果表明：纳米 WC 涂层的耐磨损性能大大提高，比淬火态基体的耐磨损性能提高了 2.5 倍。另外，与常规 WC 相比，纳米 WC 涂层在高硬度下不出现裂纹，说明涂层的韧性得到了较大的改善，这主要是由于晶粒的细化使得晶界数量大幅度增加,晶粒之间的结合面积增大,相互之间的吸引力使得材料更致密。同时,晶体之间的位错对抵抗外力、增加韧性也起到了重要作用。

7.4.4 强化机理分析

虽然 WC 熔点比基体高,但是,由于 WC 本身对 CO_2 激光的吸收比 Al_2O_3 好,同时 WC 形态为空心球形或半球形,且球体是由纳米尺寸的介孔组成,所以,在同样能量的 CO_2 激光作用下,相对于 Al_2O_3 涂层而言,WC 涂层能迅速吸收 CO_2 激光能量,导致表面迅速熔化。因此涂层中的 WC 基本熔化,以($WC/W_2C/Fe/Fe_3C$)共晶体的形式出现。当然,与常规粉末的 WC 涂层有明显区别:

(1) 纳米 WC 涂层表面高度细化,表面晶粒大小仅为 70nm～75nm,呈现纳米结构态,而常规 WC 覆层无此现象。

(2) 纳米 WC 涂层表面硬度高,且无裂纹产生,常规的纯 WC 覆层表面裂纹是无法避免的,因此,常与其他金属 Ni/Co 等复合后再进行熔覆。

究其硬度和耐磨性能显著提高的主要原因是表面纳米结构细化以及 $WC/W_2C/Fe_3C$ 金属化合物的强化,如图 7-19 所示,进而达到"硬而不脆"。主要原因可能是由于 WC 的特殊结构,表现出优越的吸收性能的同时,其颗粒本身就有高的收缩余量和韧性,这是常规 WC 所无法具备的,进一步深层次原因有待深入分析。

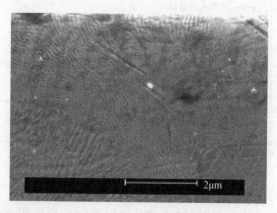

图 7-19 WC 涂层的纳米结构表层

由于激光熔覆的过程是激光束与熔覆材料相互作用的快速非平衡过程,熔覆材料和基体材料必须加热到足够高的温度后形成熔池,随后液态的熔池迅速冷却凝固。WC 在熔覆过程中处于熔融或半熔融状态,由于 WC 的熔点(2785℃)也就是它的分解温度高(2Cr13 熔点为 1450℃~1510℃),因此熔化后的 WC 将以 W 原子和 C 原子的形式存在于涂层中。另外由于激光束扫描的速度很快,熔池的温度不是很高,且形成的熔体在高温下的停留时间很短,WC 熔体不会完全均匀溶解。且由于 W 原子的半径很大,其扩散激活能很高,扩散能力远不如 C 原子,因此存在着大量的高浓度 W 或 C 元素富集区。在 C 原子的富集区则有利于 WC 的析出,而在 W 原子的富集区 W 原子的浓度将远大于 C 的浓度,在成分上为 W_2C 的析出创造了条件;另外从液相中析出 WC 的生成自由能较高,而形成 $\alpha-W_2C$ 的生成自由能较低,为 $\alpha-W_2C$ 的形成提供了有利的能量条件。同时在熔池底部来自基体的 Fe 元素含量很高,易形成 Fe_3C。即在激光熔覆过程中发生了如下化学反应:

$$WC = W + C \tag{7-1}$$

$$2W + C = W_2C \tag{7-2}$$

$$3Fe + C = Fe_3C \tag{7-3}$$

因此,最后通过上述冶金反应形成 WC、W_2C、Fe、Fe_3C 相,这些合金成为强化基体的主要来源。同时,在快速凝固下,形成大量树枝状初晶:过饱和 Fe(C,W,Cr)固溶体。两者综合作用的结果导致显著的强化效应。

7.5　纳米碳管涂层的组织与性能

碳纳米管由于具有良好的力学性能,已被用作复合材料增强体和表面涂层材料,提高材料的硬度和减摩耐磨性能。鉴于激光表面处理技术的优越性,研究人员也已经将碳纳米管涂层与激光技术结合,制备高性能的表面涂层。

如以碳纳米管为表面强化材料,采用大功率激光熔凝处理方法,对 45 钢及 20 钢进行表面增碳强化,可以获得异于常规的性能。为了解碳纳米管在表面渗碳中的作用,还选取石墨涂层为表面强化材料进行激光处理作为对比。

采用 45 钢和 20 钢作为表面激光处理的基体材料,试样的尺寸为 100mm×30mm×12mm。在涂覆纳米碳管及石墨涂层前,对碳钢样品去油清洗,将碳纳米管分散在无水乙醇中形成浆料,均匀涂于钢基体试样表面,并在空气中干燥,最后形成厚度 0.2mm~0.3mm 的碳纳米管涂层。以同样的方法在钢样品表面制得石墨涂层。

试样激光表面处理是在氩气保护下采用连续式 CO_2 激光器进行的,试验采用的激光功率密度 $q = 1.0 \times 10^4 \text{W/cm}^2 \sim 2.0 \times 10^4 \text{W/cm}^2$,扫描速度 $V = 2.5\text{m/min} \sim 0.5\text{m/min}$。

7.5.1 表面碳化层组织结构及其转变机理

图 7-20(a)是 45 钢碳纳米管涂层经激光处理后样品的横截面光学金相形貌,试验采用的激光参数为:功率(P)2kW,扫描速度(V)1.5m/min。从图中可以清晰地分辨出三个区域,分别是表面渗碳区(SCL)、热影响区(HAZ)和 45 钢基体。图 7-20(b)和(c)分别是高放大倍数下基体和热影响区、热影响区和表面渗碳区界面的形貌。图 7-20(d)是表面渗碳区的 SEM 组织,表面渗碳区的厚度为 35μm~40μm,热影响区的最深厚度约 400μm。图 7-20(a)~图 7-20(c)中热影响区的组织结构表明,激光过程中的热循环足以使表面渗碳区下面

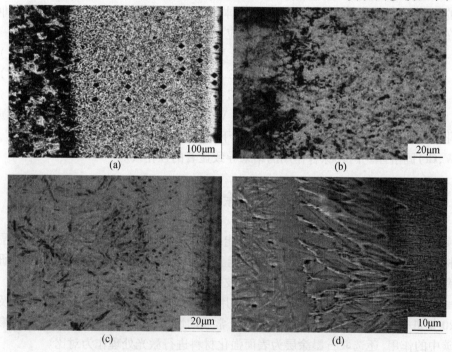

图 7-20 45 钢表面碳纳米管涂层经激光处理
($P = 2\text{kW}, V = 1.5\text{m/min}$)后横截面组织结构
(a)从左到右分别为基体、热影响区和表面渗碳层(黑点为显微硬度压痕);
(b)基体(左)与表面渗碳层(右)的界面区;(c)近渗碳层的热影响区;
(d)表面渗碳层(图(a)中的白边)。

的母材在一定深度范围内达到奥氏体化,并在随后的冷却过程中,根据不同的冷却速度,发生不同程度的相变。由于激光的高能量密度和非平衡冷却速度,在热影响区中存在不同的显微结构:① 靠近基体的部分,如图7-20(a)和(b)所示,其组织结构为隐晶马氏体、残余奥氏体和少量索氏体、珠光体的混合物;② 随着远离基体,如图7-20(a)和(c)所示,热影响区呈板条马氏体并含有弥散分布的片状马氏体;③ 热影响区下面是基体,仍保持其最初的45钢的显微组织特征。另外,从图7-20还可见,马氏体的晶体尺寸从近母材端到近表面渗碳层逐渐增大。这些不同的组织的形成主要是由热影响区中不同部位的冷却速度的差异造成的。

更有趣的发现是表面渗碳层显示出特殊的显微结构,如图7-20(d)所示,从热影响区边界到渗碳层的上表面,依次表现为亚共晶、共晶和过共晶白口铁的特征。首先,熔池在冷却过程中,从热影响区的表面生长出平面晶及随后的奥氏体树枝晶,随后在进一步冷却过程中转变为隐晶马氏体和残余奥氏体,并在残余奥氏体析出弥散针状马氏体。由于激光熔覆过程中的非平衡凝固,在初始的奥氏体枝晶间组织为高含碳量的低熔点共晶,在冷却过程中,转变为细珠光体和渗碳体的共晶。在渗碳层的最表面,形成了只有细珠光体和渗碳体的共晶,或者说还包含一些过共晶组织。由于激光的高能量密度和在表面熔池内形成高的冷却速度,因而形成的共晶及过共晶组织非常细小。显示出在热影响区与表面渗碳区结合的表面形成了粗大的高碳马氏体,说明了在激光处理过程中,碳还存在固相扩散,使得近纳米涂覆层的热影响区中碳含量增高。

从图7-20(d)中渗碳层中含有大量的碳化物可知,涂于钢表面的纳米碳管,在激光处理过程中,在很大程度上溶解于表面熔融层中。上面提到的表面渗碳层内形成自最表面至内部的不同的组织结构形成的原因主要是在表面碳化层的不同区域中碳的浓度不同、温度梯度不同和冷却速度的不同引起。在冷却阶段,熔池的非平衡凝固使得大量碳富集于初生的枝晶间,溶于熔池的碳纳米管由于熔池存在的时间短、扩散不够充分,更多地集中在最表面。从最表面到重熔合金层的内部,碳浓度呈递减梯度。

图7-21为45钢表面石墨涂层经同样参数的激光处理后试样横截面的显微组织结构。对比图7-20看出,两者热影响区的显微组织结构较类似。但是,在表面渗碳层显微组织结构上仍然存在一些不同。即在石墨增碳层中,只有一薄层的平面和枝晶状的隐晶马氏体以及残余奥氏体(也包含弥散针状马氏体),和枝晶间的细珠光体和渗碳体共晶,如图7-21(b)所示。在石墨渗碳条件下,未形成如图7-20(d)所示的存在于样品最表面的细珠光体+渗碳体共晶或过共晶体。上述现象说明了石墨涂覆样品的重熔表面中,碳浓度低于碳纳

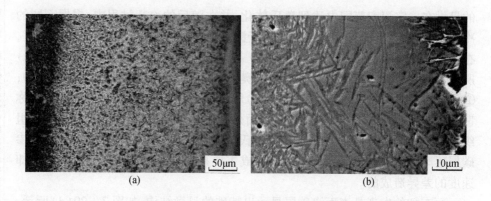

图 7-21 45 钢表面石墨涂层经激光处理
($P=2\text{kW}, V=1.5\text{m/min}$)后样品横截面结构
(a) 光学显微组织;(b) 渗碳层的最表面(图(a)中的白边)的 SEM 形貌。

米管涂覆样品。这也意味着碳纳米管在激光处理过程中,能够比石墨更容易进入基体并形成高碳相。

采用相似的激光工艺对低碳钢(20 钢)表面进行熔覆,研究表明,即使以低碳钢为母材,激光处理的碳纳米管涂层的增碳能力也是相当强的。与 45 钢相似,在激光处理的表面形成了极细小的珠光体和渗碳体共晶,或者说,还含有部分过共晶。图 7-22 是 20 钢表面碳纳米管涂层经激光处理($P=2\text{kW}, V=1.5\text{m/min}$)后样品横截面的 SEM 形貌。

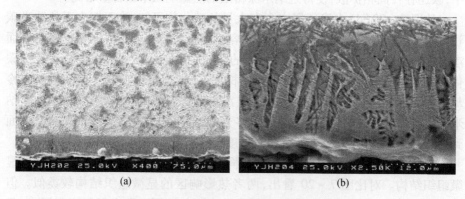

图 7-22 20 钢碳纳米管涂层经激光处理
($P=2\text{kW}, V=1.5\text{m/min}$)后横截面的 SEM 形貌
(a) 从上到下为基体至表面渗碳层;(b) 表面重熔渗碳层。

但由于 20 钢母材中含碳量较低,因而激光熔覆试样的热影响区的组织表现出与 45 钢样品有所不同。从图 7-20 和图 7-21 中 45 钢热影响区的组织和

图7-22中热影响区的组织不同可以明显看出,在20钢的热影响区中形成了以珠光体和铁素体为主的组织,但相对于母材组织还是有所不同,如图7-22(a)所示。这是由于在高能量密度激光的加热下,近熔池表面区域同样被加热到奥氏体温度以上,使其组织奥氏体化,在随后的快速冷却条件下,发生了非平衡转变。

图7-23为45钢表面碳纳米管涂层经激光处理($P=2kW,V=1.5m/min$)后的试样表面的X射线衍射图谱。XRD相分析结果表明,在表面渗碳层(包括表面)中形成两种碳化物:Fe_3C和Fe_5C_2,但显然Fe_3C是主要的碳化物相。XRD分析还发现,样品表层中还存在少量的Fe_2O_4相。Fe_2O_4主要是由于试样熔池即使有氩气的保护,但在熔池周围的气氛中还是含有微量的氧气,并与熔融的Fe发生反应而形成的。图谱中还发现有碳相存在,这说明了在激光处理过程中,碳纳米管除了熔入铁液,在高温下形成(Fe,C)固溶体,还有一些仍以碳原子的独立体存在于合金层中。

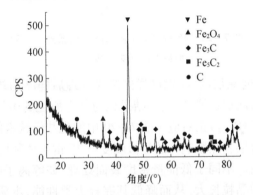

图7-23 45钢碳纳米管涂层经激光处理
($P=2kW,V=1.5m/min$)后试样表面XRD图谱

7.5.2 表面碳化层的硬度分析

45钢不同涂层试样横截面的显微硬度分布如图7-24所示。可见,显微硬度分布与显微结构相一致,无论采用碳纳米管涂层增碳还是采用石墨涂层增碳,表面渗碳层最表层的显微硬度都达到$800HV_{0.2}$及以上。本试验中亚共晶、共晶和过共晶基体结构的显微硬度与片状马氏体基体组织(热影响区中靠近表面渗碳层的区域)相当,这与铸造状态下的共晶和过共晶白口铸铁组织通常具有较高的显微硬度有所不同。这主要由于本试验条件下形成的渗碳体与珠光体组织非常细小,在一定程度上降低了材料的硬度,但可以预见,这种细共晶组织有利于材料综合性能的优化,如具有相对较好的韧性、使材料不易碎裂等。

热影响区中靠近基体部分的显微硬度约为 $700HV_{0.2}$,稍低于靠近表面碳化重熔层及热影响区中近表面碳化重熔层的硬度,但它与其微结构的表现相一致,即前面所述的其组织以板条马氏体和残余奥氏体为主相一致。可见,热影响区也明显地被硬化,其硬度比 45 钢大大提高。

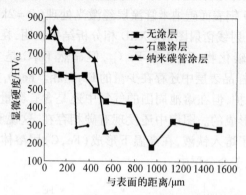

图 7-24 45 钢表面不同增碳涂层激光处理后横截面的显微硬度分布

另外,不加任何涂层的 45 钢试样经激光处理后样品的热影响区硬度比碳纳米管涂层和石墨涂层都要低,这一结果也与其上所述的微结构一致。其硬度曲线中的突降($177HV_{0.2}$)正对应于图 7-20 中的先共析铁素体带。

表面增碳重熔层和热影响区的显微硬度与 45 钢基体硬度(低于 $300HV_{0.2}$)相比都有显著提高。不同于低能量密度表面处理,如等离子喷涂或堆焊,通常会导致热影响区的晶粒长大,从而降低其综合力学性能,本研究中的激光表面处理甚至可以细化热影响区的晶粒,从而使激光重熔碳化层及热影响区都能获得较好的综合力学性能。

7.5.3 磨损性能

碳纳米管增碳层和 45 钢基体的磨损失重与磨损时间的关系如图 7-25 所示。结果表明碳纳米管渗碳层的耐磨性能至少比 45 钢基体高出 2 倍~3 倍。特别地,随着磨损时间提高,激光硬化层表现出随磨损时间的延长,具有更强的耐磨性,这与熔覆层中的奥氏体相在服役过程中的加工硬化有关。碳纳米管涂层的质量损失—时间曲线的斜率随时间的延长不断减小,而 45 钢经先期磨损后,磨损率几乎和时间成正比,这也说明激光表面硬化层的抗磨损性能优于其母材 45 钢。

碳纳米管增碳层和 45 钢基体的摩擦系数对比如图 7-26 所示,激光熔覆碳纳米管涂层的摩擦系数是未经激光处理的 1/2。由于摩擦力不仅取决于克服

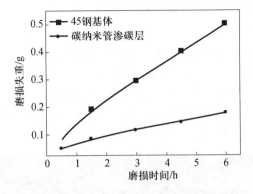

图 7-25 碳纳米管渗碳层和 45 钢基体的磨损失重与磨损时间的关系

两个接触面间的分子作用力,而且还取决于因粗糙面微凸体的犁沟作用而引起的接触体形貌的畸变。摩擦力近似等于分子阻力和机械阻力的和。

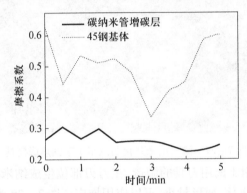

图 7-26 激光熔覆的碳纳米管增碳重熔层与 45 钢基体摩擦系数对比图

未经激光处理的试样磨损较为明显,即摩擦力的分子阻力分量较大。高硬度的熔覆层在与 45 钢对磨的过程中,熔覆层中的硬质点也会压入 45 钢表面,增大了摩擦力的机械阻力分量,但是熔覆层中碳纳米管会降低摩擦力,两者共同作用的结果是熔覆层的摩擦力相对未经激光处理的要小,即摩擦系数较小。

7.6 激光制备纳米结构涂层工业应用实例

纳米结构涂层在不改变材料整体性能的前提下使材料表面具有较高的硬度、良好的耐磨性、抗回火稳定性、耐蚀性,而且所占整个材料的比例小,是一种非常经济有效的提高材料使用寿命的途径,因此在机械装备、工模具等领域具有广泛的应用前景。下面仅列举在工模具中的应用实例以说明该技术的应用效果。

图 7-27 是汽车万向十字轴的热锻模具，材质为 H13，在新模具型腔内表面预涂纳米复合材料即碳管(1%)+镍包 Al_2O_3(99%)，CO_2 激光功率为 4kW，光斑为 9mm×1mm，搭接 1mm，扫描速度 2.5m/min，先后处理了 TN0874、36308 等型号的十字轴热锻模具。鉴于模具种类繁多，工况条件及性能要求各异，应根据具体情况设计纳米材料种类、含量和复合方案以及激光熔覆的工艺参数。装机使用显示，平均使用寿命提高 35.7%。此外，该技术分别用于汽车拉延模具、压铸模具也有不同程度的效果。

图 7-27 激光纳米强化的汽车十字轴热锻模具

另外，该技术用于民用刀具的制造，在刀刃部位生成纳米结构的强化涂层，耐磨性提高 1 倍~2 倍，变形量小，可以应用推广。图 7-28 为激光纳米熔渗处理后的园林用刀具。

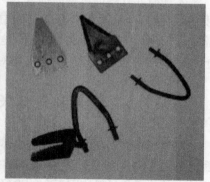

图 7-28 激光纳米熔渗处理后的园林用刀具

参 考 文 献

[1] 欧忠文,徐滨士,马世宁,等.纳米表面工程中的纳米结构涂层组装[J].机械工程学报,2002,38(6):5 -10.
[2] 叶良武.铁碳合金表面激光熔覆超细 WC 等复合强化涂层工艺与应用[D].浙江工业大学硕士学位论文,2007.
[3] 张伟.激光熔覆制备纳米结构涂层的研究[D].杭州:浙江工业大学硕士学位论文,2005.
[4] 陈生钻.强激光作用下纳米复合涂层的组织性能与应用研究[D].杭州:浙江工业大学硕士学位论文,2006.
[5] Jianhua Yao, Qunli Zhang, Mingxia Gao, et al. Microstructure and wear property of carbon nanotube carburizing carbon steel by laser surface remelting[J]. Applied Surface Science, 2008,254(21):7092 -7097.
[6] Qunli Zhang, Jianhua Yao, Yi Pan. Crack Controlling of Composite Coating with Nano-meter Ni – Al_2O_3 by Pulsed Nd:YAG Laser Cladding[C]. Proceedings of the 3rd Pacific International Conference on Application of Lasers and Optics 2008. Beijing,2008:998 – 1003.
[7] 陈生钻,姚建华.激光熔覆 Ni 包纳米氧化铝的组织和性能研究[J].应用激光,2004,24(3):142 -144.
[8] 王珏,杜槛时,姚建华.激光纳米合金化表面强化螺杆的研究[J].应用激光,2007,27(6):470 -472.
[9] 姚建华,叶良武,骆芳,等.纳米复合镀 Al_2O_3 层激光强化[J].中国激光,2007,34(7):998 – 1003.
[10] 姚建华,张伟.激光熔覆制备纳米结构涂层的研究进展[J].激光与光电子学进展,2006,43(4):8 -11.
[11] 姚建华,张伟.激光熔覆镍包纳米氧化铝[J].中国激光,2006,33(5):705 – 708.
[12] Zhang Wei, Yao Jian Hua, Zhang Qun Li,et al. Microstructure and Mechanical Characteristic of Nano – WC Composite Coating Prepared by Laser Cladding[J]. Solid State Phenomena, 2006,118:579 – 583.
[13] JianhuaYao, Chunan Ma, Mingxia Gao, et al. Microstructure and hardness analysis of carbon nanotube cladding layers treated by laser beam[J]. Surface &Coating Technology,2006,201(6):2854 – 2858.
[14] Yao Jian Hua, Zhang Wei, Gao Ming Xia,et al. Study of Fe – Ni(Cr) Alloy and Nano – Al_2O_3 Particles Composite Coating Prepared by Laser Cladding[J]. Solid State Phenomena, 2006,118:585 – 590.
[15] 姚建华,张伟.激光熔覆纳米碳化钨涂层组织和性能[J].应用激光,2005,25(5):293 – 295.

8 激光与化学复合镀制备纳米结构表面改性涂层技术与应用

8.1 激光与化学镀复合制备纳米结构涂层工艺与设备

纳米化学复合镀法是向镀液中加入纳米颗粒,用化学镀的方法,使之与金属离子共同沉积在基体表面形成纳米复合镀层。该镀层与激光复合,可以制备出用常规加热方法难以达到的综合性能优异的纳米结构涂层。

8.1.1 激光与化学镀复合的晶态转变纳米结构涂层

在常用的 Ni-P 镀液中加入纳米 Al_2O_3 颗粒得到的 Ni-P-Al_2O_3 复合镀层,其组织为非稳态的非晶,性能较差,需加热到350℃以上使其转变为晶态。若用常规热处理方法,由于原淬火的基体被回火,降低了基体的硬度。而用激光加热不但解决了上述问题,还能使复合镀层晶粒细化,性能提升。

Ni-P 镀液的配方如下:硫酸镍 24g/L、次亚磷酸钠 30g/L、柠檬酸钠 15g/L、乙酸钠 15g/L、稳定剂(硫脲)适量。化学复合镀工艺参数见表 8-1。从上述配方和工艺参数得知,Ni-P-Al_2O_3化学复合镀就是在普通的化学镀镍溶液中添加一定量的Al_2O_3固体颗粒,通过搅拌使其充分悬浮,在镀液中金属离子被还原剂还原的同时,就可以将Al_2O_3微粒嵌入金属沉积层中,形成复合镀层。

表8-1 化学复合镀工艺参数

pH值	4.4~4.8
施镀温度/℃	85~90
搅拌速度/(r/min)	300
Al_2O_3浓度/(g/L)	20

化学复合镀采用简化的试验装置,如图8-1所示。

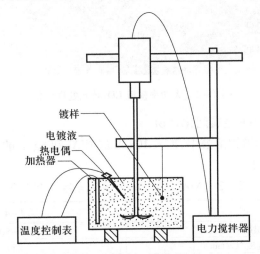

图8-1 化学复合镀装置示意图

在45钢(调质)基体表面采用化学复合镀制成镀层,采用大功率横流CO_2激光设备(图8-2)加热处理,使其由非晶态转变为晶态,并且镀层的性能也得以提高。其工艺参数为功率密度$10^4 W/cm^2$、光斑9mm×2mm,扫描速度500mm/min。

8.1.2 激光与化学镀复合制备金属间化合物的纳米结构涂层

NiAl金属间化合物是一种新型的高温涂层材料,它具有熔点高(1640℃)、密度低、抗氧化性能好、热导率高等优点,但它的高温强度难以满足使用要求,较低的高温韧性影响加工成型能力和使用安全可靠性,特别是其高温强度和高温塑性的矛盾,导致该金属间化合物难以在实际中应用。大量研究表明$Ni_{50}Al_{20}Fe$金属间化合物具有较高的高温强度和一定的塑性,并具有良好的抗高温氧化性。为此在45钢基体上用化学复合镀制备NiAl-Al_2O_3镀层,经激光熔凝

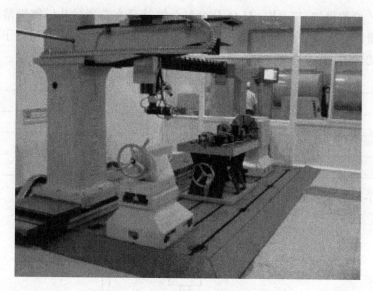

图 8-2 大功率横流 CO_2 激光处理设备

处理可以合成 NiAlFe 金属间化合物。

在常规的化学镀镍溶液中,加入 10g/L 的 NiAl 和 5g/L 的 Al_2O_3,其复合镀工艺参数见表 8-2。

表 8-2 $NiAl-Al_2O_3$ 化学复合镀工艺参数

pH	4.4~4.8
温度/℃	80~90
搅拌速度/(r/min)	250
NiAl/(g/L)	10
Al_2O_3/(g/L)	5

其镀液配方、装置和 CO_2 激光处理设备与 8.1.1 节相同。激光处理工艺参数:激光功率密度 $2.13\times10^4 W/cm^2$、光斑 $\phi 5mm$、扫描速度 1200mm/min。

8.2 激光与化学镀复合纳米涂层的组织形貌

8.2.1 镀层的组织形貌

图 8-3 为 $Ni-P-Al_2O_3$ 复合镀层的截面组织,镀层厚度 $20\mu m\sim30\mu m$。图 8-4 为 Ni-P 镀层表面形貌,从图中看出表面呈胞状结构,表面粗糙度较小。从图 8-5 看出加入 Al_2O_3 仍为胞状,但表面不平整,粗糙度较大,这是由于

Al$_2$O$_3$粒子的加入,使表面的某些峰元突起。从图8-6看出,与Ni-P-Al$_2$O$_3$镀层相比,NiAl/Al$_2$O$_3$镀层胞状结构减少,晶粒细小。

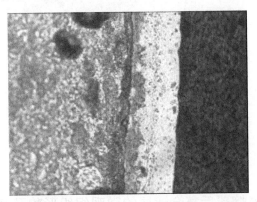

图8-3 Ni-P-Al$_2$O$_3$镀层的截面组织

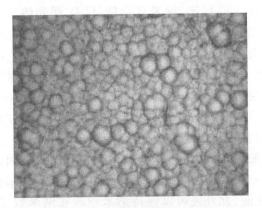

图8-4 Ni-P镀层表面形貌

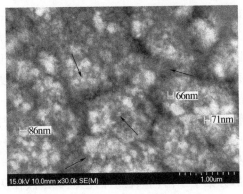

图8-5 Ni-P-Al$_2$O$_3$镀层表面形貌

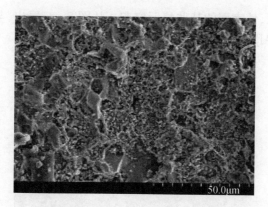

图8-6 NiAl/Al$_2$O$_3$镀层表面形貌

8.2.2 激光熔覆后复合镀层的微观组织形貌及其形成原因

由图8-7(a)、(b)可知,纳米复合镀Al$_2$O$_3$激光熔覆层组织从表层向里依次为细小枝晶区、等轴晶区、粗大的柱状晶区,越往表层则晶粒越细,这与表层的成分有关。Al元素部分集中在表层,即纳米Al$_2$O$_3$颗粒集中在表层,形核概率大,所以晶粒细小,如图中箭头所示;而图8-7(b)中与基体结合部分的覆层因部分的异质核心晶粒明显粗大;从图8-7(c)和(d)截面元素分布可以看出,基体的Fe、Cr元素明显地向覆层扩散,而Ni元素主要集中在覆层,而在表层含量较少。从以上结果可知,通过激光熔覆作用,可以很好地在镀层和基体之间进行元素互相扩散:一方面由于冶金结合增加了结合力;另一方面可以很好地使覆层的强化粒子与基体的韧性成分结合,提升覆层的性能;此外还可以保持纳米颗粒在纳米数量级,使得纳米颗粒的性能得以充分发挥。

进一步研究发现,有部分颗粒集中在次表层与基体结合部,图8-8(a)为过渡区与热影响区的结合区,图8-8(b)为图(a)局部区域放大图。由图可见截面明显分为三个区域:长条状的胞状晶区、粗大的柱状晶区以及细小的等轴晶区。它们之间存在着逐渐过渡的过程,越靠近基体,过冷度越大,熔池搅拌作用越小,表层胞状晶越向着较大的柱状晶方向长大。

在柱状晶与等轴晶之间均匀的弥散着大小大致相等的白色颗粒,其大小约1μm,如图8-8(b)中箭头A所指处,经EDS测试可知其原子数比例P:Fe:Ni = 15:76:9,而图中B处经EDS测试,其原子数之比为Fe:Ni = 95:5。由此可知,镀层中的P元素大部分集中于白色颗粒。白色颗粒镶嵌在灰黑色基体中,大多数分布于树枝晶枝干处和等轴晶的交界处。作为异质颗粒,既有效地增加了形

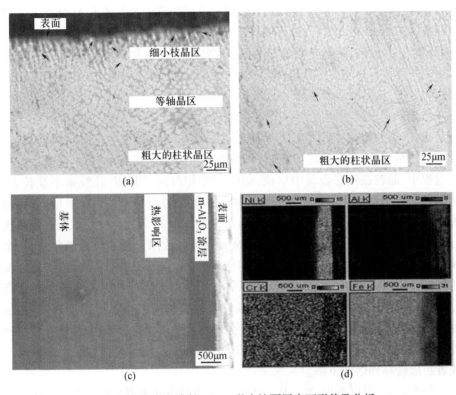

图 8-7 纳米复合镀 Al_2O_3 激光熔覆层表面形貌及分析

(a) 截面形貌;(b) 结合部位形貌;
(c) 面扫描示意图;(d) 覆层截面元素分布。

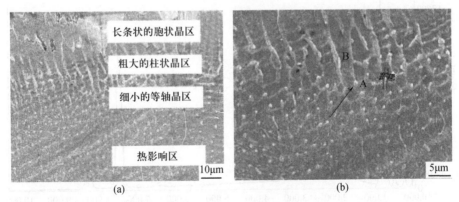

图 8-8 纳米复合镀 Al_2O_3 激光熔覆层过渡区微观组织的 SEM 照片

(a) 过渡区的 SEM 照片;(b) 图(a)局部放大。

核率,同时又能有效地抑制晶体的长大,其他文献研究的关于纳米 Al_2O_3 颗粒对熔覆层枝晶影响也有相类似的结果,发现这是一种在激光快速凝固作用下的一种金属间化合物。另外,从图中可以看出基体和强化层之间互相熔合,并且基体与强化层之间存在着明显的熔合区,出现这种情况是由于基体和镀层元素相互扩散并形成化合物,从而使基体与强化层之间形成冶金结合。

激光扫描过程实际上是一个表面冶金的过程。传统的激光处理一般要经历液态、固液两相共存和固态三个阶段。在激光扫描过程中,表层材料吸收激光束的能量,温度迅速升高,达到材料的熔点后熔化形成液态熔池;在随后的冷却过程中,晶粒在液态金属中形核,但由于冷却时间非常短,晶粒来不及长大,从而使晶粒得到细化。激光处理复合镀层的冶金过程与上述过程类似,但也有着自身的特点,主要体现为快速熔化和快速凝固下的非平衡特征。从宏观角度分析,在激光束扫描过程中,镍和表层金属基体吸收激光能量开始熔化,由于金属 Ni 的熔点(1453℃)要比氧化铝的熔点(2050℃)低,所以镍首先熔化,形成镍的熔池。由于激光熔池强烈搅拌,所以氧化铝颗粒在熔池搅拌和对流过程中部分沉淀到熔池底部,并且以非均质形核核心加速了液态金属形核,部分留在熔池上部,而底部氧化铝含量比上部多。另外,在激光扫描过程中,镀层中的 P 一部分不断地迁移到表面被烧蚀或者汽化,另一部分在熔池搅拌过程中通过对流或者扩散转移到熔池下部。

从图 8-9 可以看出,$Ni-P-Al_2O_3$ 复合镀层中的主要成分为 Ni、P、Al 及少量杂质元素。根据 EDS 和化学方法测得化学复合镀层 $Ni-P-Al_2O_3$ 中 Al_2O_3

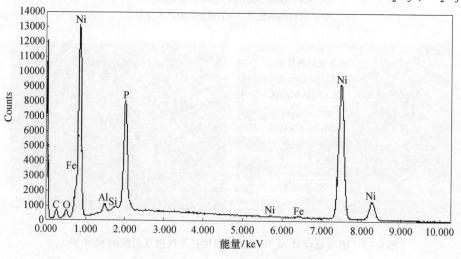

图 8-9 $Ni-P-Al_2O_3$ 复合镀层能谱

含量为21%、P为9.3%,比单纯的Ni-P镀层P含量11%略低,这是因为Al_2O_3存在的结果。当镀层中P含量>8%时,镀层为非晶态结构(图8-10)。而从图8-10与图8-11对比可以看出,复合镀层经激光熔覆处理后,镀层已发生晶化转变,衍射峰的背底很高,且在$2\theta=45°$处"馒头峰"已经消失。其主要物相为Ni_3P和Ni_5P_2,还有一定的单质Ni及基体元素Fe及少量的Al_2O_3。与电炉加热相比,除析出Ni_3P外,还析出了新相Ni_5P_2。这是激光快速加热快速凝固的结果,从而得到比电炉加热更优异的纳米结构涂层。

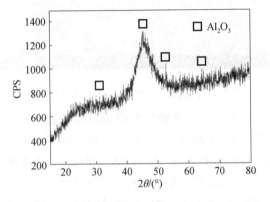

图8-10　Ni-P-Al_2O_3镀层激光处理前XRD分析

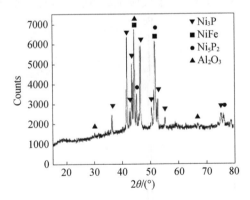

图8-11　Ni-P-Al_2O_3镀层经激光处理后XRD分析

类似的情况也在化学复合镀NiAl-Al_2O_3镀层获得证实。图8-12看出,由于激光对熔池的强烈对流,使一部分纳米Al_2O_3颗粒随着对流搅拌转移到熔池底部,并以异质加入液态金属形核,同时又使基体元素Fe搅拌到熔池上部,使基体与镀层之间元素相互扩散形成化合物,呈现为具有冶金结合、且无裂纹

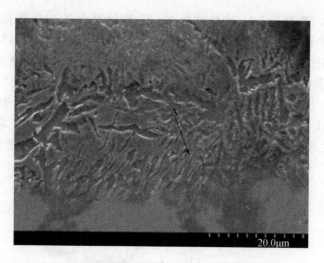

图 8-12 激光处理后 NiAl/Al$_2$O$_3$ 镀层形貌

的纳米结构涂层。在柱状晶与等轴晶尖端均匀弥散着大小大致相等的白色颗粒,大小约 1μm,如 A 点箭头所示,经 EDS 分析得知,如图 8-13 所示,其原子数之比:N(Ni):N(Al):N(Fe):N(O) = 9:10:78:2。白色颗粒镶嵌在灰色基体中,大多数分布于树枝晶前沿和等轴晶的交界处,纳米 Al$_2$O$_3$ 作为异质颗粒有效地增加了形核率,并抑制晶体的长大,对镀层枝晶的影响也有相似的结果。在激光高能量作用下,Ni、Al、Fe 发生反应生成 Ni$_{0.77}$AlFe$_{0.23}$ 金属间化合物,比较三

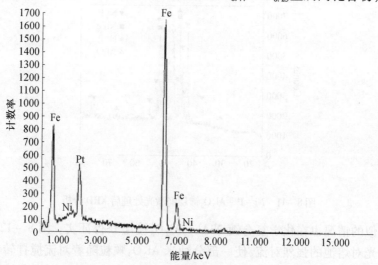

图 8-13 激光处理后 NiAl/Al$_2$O$_3$ 镀层的能谱图

元 Ni-Al-Fe 等温截面相图(图 8-14)和 XRD 分析结果(图 8-15)推断,在镀层整体成分 Ni-Al-Fe 相成分中,通过激光的作用合成了 $Ni_{30}Al_{20}Fe$ 这种金属间化合物,同时还有 $Fe_{0.64}Ni_{0.36}$、Ni_2Al_3 等金属间化合物。这些新生成的相,使镀层具有良好的综合力学性能。

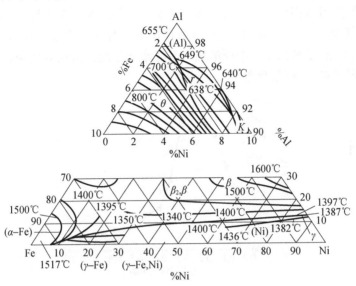

图 8-14 Ni-Al-Fe 三元相图

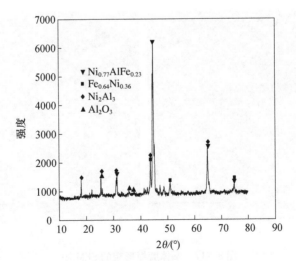

图 8-15 激光强化后 $NiAl/Al_2O_3$ 镀层表面 XRD

8.3 激光与化学复合镀复合涂层的性能

从图 8-16 看出 Ni-P-Al_2O_3 复合镀层通过激光强化处理,由非晶态结构转变为晶态,其表面最大硬度为基体的 3.5 倍。从图 8-17 和图 8-18 对比看出基体(镀层)表面由于硬度低,在压力作用下很容易发生塑性变形,并有大量片状镀层剥落,呈现出黏着磨损形貌。而经激光处理的镀层其磨损表面较为平滑,划痕较清晰,无剥落现象。

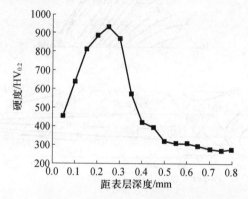

图 8-16 Ni-P-Al_2O_3 复合镀层激光强化后硬度曲线

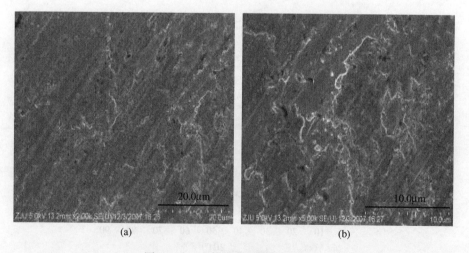

图 8-17 基体磨损形貌的 SEM 图

由表 8-3 可知,激光处理后的镀层平均摩擦系数和失重分别为未处理镀层的 5/6 和 3/4,说明激光处理后镀层的耐摩擦和耐磨损性能均有所提高。

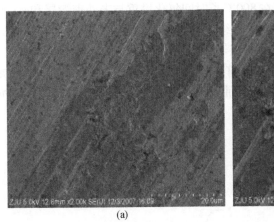 

图 8-18　激光处理后镀层磨损形貌 SEM 图

表 8-3　Ni-P-Al₂O₃ 镀层激光处理前后摩擦系数与磨损失重比较

状况	未处理镀层	激光处理后的镀层
摩擦系数	0.751	0.658
磨损失重/mg	0.016	0.012

从图 8-19 看出激光处理后镀层的自腐蚀电位(1.5V 左右)大大高于基体自腐蚀电位(0.1V 左右),前者钝化电流也略高于后者。说明激光处理后的纳米结构涂层的耐化学腐蚀性得到显著提高。

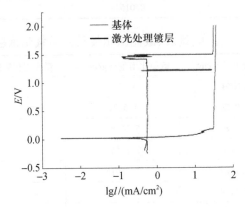

图 8-19　激光处理后镀层与基材的阳极极化曲线

从图 8-20 看出 NiAl/Al₂O₃ 复合镀层经激光强化处理后表面最高硬度为基体的 4 倍左右。从表 8-4 看出,经激光处理的镀层平均摩擦系数和失重分别为基体的 3/4 和 2/3,说明激光处理后镀层的耐摩擦和耐磨损性均有所提高。

从表 8-5 看出激光处理的镀层在 800℃ 长时间氧化增重与未处理镀层和 45 钢基体相比大大降低,几乎相差一个数量级。说明激光处理后的镀层具有良好的抗高温氧化性能。从图 8-21 中可以看出激光强化镀层试样经恒温 800℃、100h 氧化试验,其氧化动力曲线基本符合抛物线规律,其氧化增重明显低于镀层试样和基体试样,对比三条氧化动力曲线可看出激光强化镀层具有良好的抗高温氧化性。

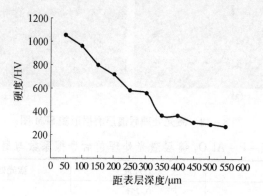

图 8-20　NiAl-Al$_2$O$_3$ 复合镀层激光强化后硬度分布曲线

表 8-4　相同条件下的摩擦系数与磨损失重比较

状况	基体	激光处理后的镀层
摩擦系数	0.221	0.165
磨损失重/mg	0.015	0.011

表 8-5　基体、镀层、激光强化镀层高温氧化试验数据

氧化时间/h	基体比增重/(g/cm^2)	镀层比增重/(g/cm^2)	激光强化后镀层比增重/(g/cm^2)
10	4.1044	0.4223	0.46
20	8.3022	1.5832	1.18
30	15.7182	5.26285	1.57
40	23.041	7.77555	2.015
50	26.2127	12.5916	2.49145
60	30.4104	17.2914	2.9866
70	33.6287	20.0712	3.05715
80	35.1679	21.1351	3.1326
90	36.9403	24.53355	3.17075
100	37.0336	29.76705	3.29955

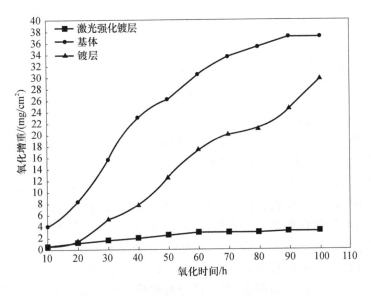

图 8-21 800℃恒温氧化动力曲线

激光强化化学复合镀层技术目前尚处于试验研究阶段,还没有投入工业生产的应用。通过大量的研究结果可以看出该技术具有较大的应用价值和广阔的应用前景。它比常规强化技术操作简单、周期短、变形小、结合强度高、组织更细密、镀层具有更优良的综合性能且易实现自动化。因此将大大拓宽该技术在航天航空、化工、机械、冶金等行业的应用领域。

8.4 纳米 Al_2O_3 镀层复合强化机理

纳米 Al_2O_3 复合镀层在激光作用下,都有晶化现象,硬度都有提高,达到纳米晶结构,还提高镀层的结合性能。与常规热处理晶化相比,激光处理优越性明显,可以避免整体加热,减少变形,镀层性能更高。

纳米 Al_2O_3 主要以原始态方式弥散分布在镀层之中:一方面,在激光作用下,纳米陶瓷相阻碍晶粒生长和长大;另一方面,由于复合镀层内,均匀地弥散分布着大量细小的晶化组织 Ni_3P 和纳米级的镍铝化合物,尤其在晶化后,以 Al_2O_3 为主体的亚晶粒钉扎在各晶粒内部,形成强烈的弥散强化效应,从而大幅度提高镀层的显微硬度。

激光熔池是由熔化镀层及部分熔化的基体形成的,通常自熔性合金熔化层界面组织的形成过程主要以母材部分熔化的晶粒为现成表面,"外延式"联生结晶,初生枝晶首先从熔池结晶,随后在枝晶间形成共晶,且共晶组织大多为层片状。纳米 Al_2O_3 颗粒的加入,使熔覆层的组织明显得到细化,其原因可分析如下:

根据文献,凝固前沿枝晶尖端过冷度可表示为

$$\Delta T = \Delta T_t + \Delta T_c + \Delta T_k + \Delta T_r \qquad (8-1)$$

式中:ΔT_t 为热过冷;ΔT_c 为成分过冷;ΔT_k 为界面动力学过冷,ΔT_r 为界面曲率引起的过冷($\Delta T_r = 2\Gamma/R$,$\Gamma = \sigma/H$ 为 Gibbs-Thomson 函数,σ 为界面能,H 为单位体积的结晶潜热,R 为枝晶尖端半径)。

从微观角度分析,沉淀到熔池中的 Al_2O_3 由于尺寸为纳米级,表面能很大,在熔池结晶过程中它会依附在枝晶尖端的前沿。根据凝固前沿枝晶尖端过冷度,这些依附在枝晶尖端前沿的 Al_2O_3 粒子一方面会增大界面前沿的过冷度,甚至在界面前沿的过冷度足够大时,还会导致枝晶凝固前沿的自发形核;另一方面又会阻碍枝晶的长大。在激光熔池快速凝固结晶过程中,一部分 Al_2O_3 粒子被固液界面俘获,另一部分则被排挤到固液界面前沿,造成界面前沿过冷度增大,诱发新的晶核形成。新晶核的形成将阻碍原枝晶的继续长大,导致一次柱状树枝晶长度的缩短,但仍然可见柱状生长形成熔覆组织结构。另外,随着激光熔池的搅拌作用而扩散到熔池下部的 P 元素也开始结晶,在凝固早期,P 在液相中含量较低,此时 P 对凝固过程的影响较小,由于 P 在 Ni 中的溶解度很小,所以在凝固过程中 P 被排斥到剩余液体中,随着液体量逐渐减少,P 浓度越来越高,必然对熔池下部凝固产生影响。另外由于 P 是表面活性元素,倾向于在固液界面富集。在凝固后期,剩余液相中的 P 偏析显著增加,形核率明显降低,因而在熔池底部难以形成新的晶粒,凝固主要以柱状晶延伸生长的方式进行,直至温度较低时与剩余的 Ni 和基体中的 Fe 元素形成富 P 相而结束凝固。

复合化学沉积法制备得到的纳米镀层具有比普通复合沉积法更高的耐磨性能,纳米 Al_2O_3 的加入以及激光重熔后产生更细小的纳米粒子起着重要作用。在磨损初期,当硬磨粒在载荷作用下经过表面时,会优先对软基体产生犁沟作用或切削作用,此时,镀层基体的硬度对耐磨性起主要作用。第二相 Al_2O_3 和铝镍化合物的存在减轻了晶粒在高温下的异常长大,可使基体晶粒再细化而使基体强化。因此,纳米 Al_2O_3 复合镀层的基体硬度要比其他镀层的稍高一些,这使得镀层在初期不至于磨损得太快。

随着磨损的进行,表层体积渐渐被磨去,高硬度的 Al_2O_3 和铝镍化合物颗粒逐渐凸出表面,镀层基体的硬度已不再起主要作用,此时影响磨损量的主

要因素为强化相颗粒间距以及颗粒与镀层基体间的结合强度等。Al_2O_3颗粒和铝镍化合物逐渐凸出于镀层表面形成许多微凸体,这些微凸体间的间距都小于磨粒的尺寸,因此当磨粒经过微凸体时,能够有效地将部分磨粒在镀层表面的滑动摩擦和凿削变为滚动,从而明显减轻了磨粒对镀层的磨损。纳米Al_2O_3复合镀层的颗粒间距小,所以磨粒压入颗粒间隙的深度较小,即使经过长时间的磨损,磨粒变得尖锐了,在这么小的间隙内对基体产生切削的可能性也是较小的。

参 考 文 献

[1] 阎洪.现代化学镀镍和复合镀新技术[M].北京:国防工业出版社,1999.

[2] 赵振东.采用高功率YAG激光对各种非电解Ni-P系列镀层的硬化处理[J].国外金属热处理,1997,(6):41-45.

[3] 顿爱欢.激光强化Ni-P-Al_2O_3纳米化学复合镀层的组织与性能研究[D].杭州:浙江工业大学硕士学位论文,2010.

[4] 李明喜,何宜柱,孙国雄.纳米Al_2O_3/Ni基合金复合材料激光熔覆层组织[J].中国激光,2004,31(9):1149-1152.

[5] 丁庆明.激光强化NiAl/Al_2O_3化学复合涂层的制备及其高温氧化性能的研究[D].杭州:浙江工业大学硕士学位论文,2010.

[6] 曲彦平,宋影伟,李德高,等.Ni-P-TiO_2(纳米)化学复合镀工艺和性能研究[J].材料保护,2000,33(12):12-13.

[7] 姚建华,叶良武,骆芳,等.纳米复合镀Al_2O_3层激光强化[J].中国激光,2007,34(7):998-1003.

[8] 姚建华.强激光作用下纳米复合涂层的组织性能与应用研究[D].杭州:浙江工业大学博士学位论文,2006.

[9] Aihuan D, Kong F Z, Yao J H. Microstructure and property of Ni-P-Nano Al_2O_3 electroless plating layer produced on medium carbon steel treated by laser technology[C]. Proceedings of the 3rd Pacific International Conference on Application of Lasers and Optics 2008, 2008:76-81.

[10] 张文博,张群莉,姚建华.脉冲Nd:YAG激光作用下Ni-P-纳米Al_2O_3化学复合镀层的组织结构特征与硬化机理研究[J].中国激光,2009,36(12):3293-3298.

[11] 郑晓华,宋仁国,姚建华.镍—磷—纳米氧化铝化学镀层的激光热处理及其摩擦磨损性能[J].中国激光,2008,35(4):610-614.

[12] Luo F, Hu X X, Yao J H, et al. Microstructure and performance of Ni-SiO_2 nano-composite coating strengthened by laser remelting[J]. Transactions of Materials and Heat Treatment, 2009.

[13] Qunli Zhang,Jianhua Yao,Yi Pan. Study of nanometer Al_2O_3 composite electroless deposit strengthened by different laser power[J]. Materials and Design, 2010,31(4):1695-1699.

[14] 顿爱欢,姚建华,孔凡志,等.激光处理Ni-P-Al_2O_3纳米化学复合镀层微观组织[J].中国激光,2008,35(10):1609-1614.

[15] Ding Q M, Yao J H, Kong F Z. Improvement of high temperature oxidation resistance of NiAl/Al$_2$O$_3$ electroless composite coating by laser hardening[C]. 4th Pacific International Conference on Applications of Lasers and Optics, PICALO 2010, 2010.

9

激光化学反应原位合成 TiC 涂层的工艺技术

9.1 激光化学反应原位合成 TiC 涂层的制备工艺与设备

激光化学反应原位合成 TiC 涂层是在钢表面预置 TiO_2 和石墨复合反应粉末,在高功率密度激光作用下,该粉体发生碳热还原反应,TiO_2 中的 Ti 与 C 结合,最终原位(in situ)合成 TiC 涂层。

9.1.1 反应粉体的制备工艺与设备

目前制备 TiO_2 粉体的常用方法有气相法和液相法。气相法制备的纳米 TiO_2 粉体纯度高、粒度小,但工艺复杂、能耗大、成本高。而液相法合成温度低,工艺简单,设备投资小,它是选择可溶于水或有机溶剂的金属盐,使其溶解,并以离子或分子状态混合均匀,再选择加入一种沉淀剂使其沉淀析出、然后分解制成粉体。液相法可分为胶溶法、溶胶—凝胶法、醇盐水解法和沉淀法等。

醇盐水解法工艺简单,成本低,粉体分散性好。周武艺等以 $NH_3·H_2O$ 为沉淀剂,以十二烷基苯磺酸纳(DBS)为活性剂,采用常温水解沉淀法制备出纳米TiO_2。胡鸿飞等将去离子水迅速加入到钛乙醇盐/溶剂的混合液中,反应物浓度为 0.15mol/L ~ 0.45mol/L,加水量 0.675mol/L ~ 4.55mol/L,反应温度为 20℃ ~ 50℃,得到金红石型 TiO_2。

姚建华等采用醇盐水解法制备 TiO_2 与石墨的复合粉末。所用化学药品及剂量如表 9-1 所列,制备粉体的主要设备包括数显恒温磁力搅拌器(图 9-1)、超声细胞粉碎机、过滤装置、电子天平等。其中超声细胞粉碎机用来制备石墨颗粒悬浮液,防止石墨颗粒聚团。制备工艺流程如下:

表 9-1 试验用化学药品及其剂量

试验用化学药品	用量
钛酸丁脂	8mL
去离子水	400mL
石墨粉	1.5g
无水乙醇	75mL
十二烷基苯磺酸钠	0.07mol/L

(1)称取 1.5g 石墨粉,先用无水乙醇润湿,然后将润湿好的石墨粉末加入去离子水中,并用超声波分散细化,防止颗粒团聚,从而得到颗粒均匀分散的石墨颗粒悬浮液。

(2)量取 75ml 无水乙醇,置于烧杯中,在中速磁力搅拌条件下,加入钛酸丁脂,搅拌,得到均匀的钛酸丁脂无水乙醇溶液。

(3)将制备好的悬浮液放置于恒温磁力搅拌器工作台上,在磁力搅拌的情况下,将钛酸丁脂的无水乙醇溶液逐滴滴加到悬浮液中。

(4)将制备好的悬浮液静置 12h 后,将其过滤、清洗、烘干,然后碾磨成粉末待用。

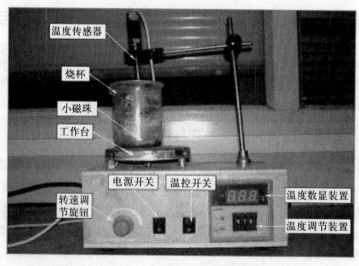

图 9-1 数字恒温磁力搅拌器

9.1.2 预置层的激光强化处理工艺与设备

用于 TiC 涂层制备的激光处理设备有大功率 CO_2 激光器、大功率半导体激光器或 Nd:YAG 脉冲激光器等。图 9-2 为制备碳化钛增强涂层的装置示意图。其中三通接口处为一个入口、两个出口。入口处与氩气瓶减压阀相连；出口一个接氩气保护箱，保护试样在激光强化过程中不被氧化，并能通过调节气压大小控制保护箱内气氛，另一个接激光器，以保护镜片，保持激光器内部和保护箱内压力基本平衡。激光强化工艺参数为：Nd:YAG 脉冲激光，光斑直径 3.5mm、电流 200A~280A、脉宽 2.5ms、频率 18Hz~25Hz、扫描速度 50mm/min~200mm/min。

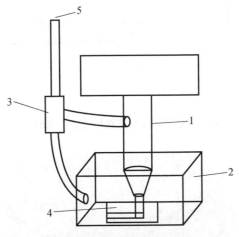

图 9-2 制备装置示意图

1—激光器；2—氩气保护箱；3—三通气接口；4—试样；5—氩气输入接口。

9.2 激光化学反应合成 TiC 涂层组织形貌与形成机理

9.2.1 微观组织分析

图 9-3 为激光强化层的 XRD 图谱，从图中可以看出涂层中含有预置涂层中没有的 TiC 相。这说明 TiC 相是在激光强化过程中生成的。从图 9-4 中可以看出激光强化层表面弥散分布着细小的黑色颗粒(试验条件：预置层厚度 0.2mm，激光电流 250A，脉冲宽度 2.5ms，频率 18Hz，扫描速度 50mm/min)。该黑色颗粒经能谱(图 9-5)分析是由 C、Ti、Fe 三种元素组成的。其中 Fe 是基体中的元素，结合以上分析认为黑色颗粒是反应生成的 TiC 相。

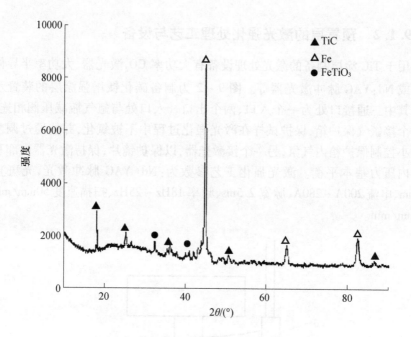

图 9-3 激光强化预置涂层后表面 XRD 图谱

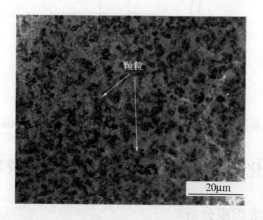

图 9-4 预置层激光强化后表面形貌(2000×)

图 9-6 为涂层激光强化后截面的 SEM 形貌。图 9-6(a) 为试样强化层全貌,下部为强化层,上部是基体组织,强化层厚度约为 100μm,强化层中弥散分布有大量黑色细小颗粒,分别对图中 A、B 区域进行放大分析,如图 9-6(b)、图 9-6(c) 所示。图 9-6(b) 为激光强化表层区域组织形貌,从图中可以看出,在强化表层嵌有 1μm~3μm 的黑色颗粒,分布较均匀。钛元素具有细化晶粒的

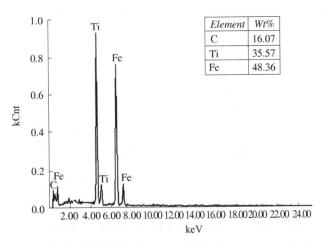

图9-5 黑色颗粒点能谱分析图

作用。因此,在钛元素的细化晶粒作用和激光处理后较大过冷度的共同作用

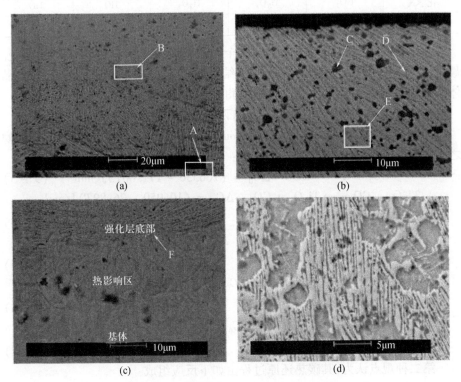

图9-6 涂层激光强化后的截面SEM形貌

(a)强化层全貌;(b)强化层表面;(c)强化层底部;(d)枝晶。

下,在强化表层得到了细小的树枝状晶体,如图9-6(d)所示。

9.2.2 碳化钛原位合成机理分析

将用醇盐水解法制备的水合二氧化钛和石墨粉混合均匀预置在基体表面,并进行激光辐照,生成TiC的反应式为:

$$\text{Ti}(\text{OC}_4\text{H}_9)_4 + 4\text{H}_2\text{O} \longrightarrow \text{Ti}(\text{OH})_4 + 4\text{C}_4\text{H}_9\text{OH} \quad (9-1)$$

TiC合成过程是一个TiO_2碳热还原的过程,碳热反应按如下总反应式进行:

$$\text{Ti}(\text{OH})_4 + 3\text{C} \longrightarrow \text{TiC} + 2\text{CO} + 2\text{H}_2\text{O} \quad (9-2)$$

式(9-2)的反应过程实际是经过一系列钛的低价态氧化物转变完成的,即 $TiO_2 \longrightarrow Ti_nO_{2n-1}(n>10) \longrightarrow Ti_nO_{2n-1}(10>n>4) \longrightarrow Ti_3O_5 \longrightarrow Ti_2O_3 \longrightarrow Ti_xO_y \longrightarrow TiO \longrightarrow TiC$。表9-2为碳热还原过程中各种钛的氧化物的晶体结构。

表9-2 各种钛的氧化物的晶体结构

化学式	TiO_2	Ti_3O_5	Ti_2O_3	TiO	TiC
晶体结构	方形	单棱	棱形	面心立方	面心立方

从表9-2中可以看出,在还原各个阶段伴随着钛的各种氧化物的相变。最后,在$TiO \longrightarrow TiC$过程中,两者晶体结构相同,且晶格常数非常接近,只是晶体结构中的氧原子被碳原子取代,最后得到TiC。

目前国内外对氧化钛的碳热还原有两种不同的观点。

第一种观点认为:C是借助于Boudouord反应产生的CO气体与钛的氧化物之间进行反应还原的,其反应过程如下:

$$\text{CO}_2 + \text{C} \longrightarrow 2\text{CO} \quad \Delta G_0 = (166550 - 171.00T)\text{J/mol} \quad (9-3)$$

$$3\text{TiO}_2 + \text{CO} \longrightarrow \text{Ti}_3\text{O}_5 + \text{CO}_2 \quad \Delta G_0 = (106950 - 26.89T)\text{J/mol} \quad (9-4)$$

$$\text{Ti}_3\text{O}_5 + \text{CO} \longrightarrow 3\text{Ti}_2\text{O}_3 + \text{CO}_2 \quad \Delta G_0 = (82590 + 18.53T)\text{J/mol} \quad (9-5)$$

$$\text{Ti}_2\text{O}_3 + \text{CO} \longrightarrow 2\text{TiO} + \text{CO}_2 \quad \Delta G_0 = (191950 - 24.67.00T)\text{J/mol} \quad (9-6)$$

$$\text{TiO} + 3\text{CO} \longrightarrow \text{TiC} + 2\text{CO}_2 \quad \Delta G_0 = (-117700 + 194.67T)\text{J/mol} \quad (9-7)$$

第二种观点认为:其碳热还原过程由如下反应组成:

$$3\text{TiO}_2 + \text{C} \longrightarrow \text{Ti}_3\text{O}_5 + \text{CO} \quad \Delta G_0 = (273500 - 197.98T)\text{J/mol} \quad (9-8)$$

$$2Ti_3O_5 + C \longrightarrow 3Ti_2O_3 + CO \quad \Delta G_0 = (249500 - 152.47T) \text{J/mol}$$
(9-9)

$$Ti_2O_3 + C \longrightarrow 2TiO + CO \quad \Delta G_0 = (358500 - 195.67T) \text{J/mol}$$
(9-10)

$$TiO + 2C \longrightarrow TiC + CO \quad \Delta G_0 = (215400 - 147.32T) \text{J/mol}$$
(9-11)

上述两种观点根据自身试验条件均有一定的准确性。当 TiO_2 颗粒与 C 颗粒均匀混合,两者之间有一定空间距离时,其反应机理为第一种观点;当 TiO_2 颗粒表面被 C 包裹,两者之间距离为零时,其反应机理为第二种观点。

编者所在试验室采用醇盐水解法将两者混合,即在石墨的悬浮液中加入钛酸丁脂,充分水解,并搅拌均匀,然后过滤、烘干、碾磨制成粉末。该方法的优点是,C 被 $TiO_2 \cdot 2H_2O$ 所包覆,两者间距离为零。因此,可以认为,本试验中反应机理与第二种观点类似。

将复合粉末在基体上涂覆后,在高能激光束作用下,预置层瞬时达到反应所需温度,混合粉末如第二种观点所示过程发生碳热反应,原位形成碳化钛,反应非常迅速。

图 9-7 为反应式(9-8)~式(9-11)的 $\Delta G^0(T)$ 关系。从图中可以看出,各反应的 ΔG^0 随着温度升高而降低,高温有利于反应向生成碳化钛的方向发展。利用激光的高能量,瞬时温度可以达到 2000℃~3000℃,因此用于原位反应制备碳化钛非常有利。

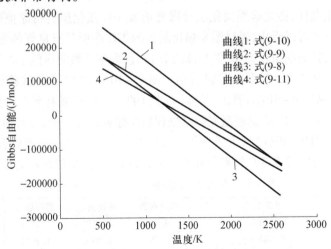

图 9-7　反应式(9-8)~式(9-11)的 Gibbs 自由能随温度变化关系图

9.3 激光化学反应合成 TiC 涂层的性能

从图 9-8 看出，TiC 涂层表面及以下 0.17mm 范围为激光强化区，近表层最高硬度为 $1150HV_{0.1}$，平均为 $950HV_{0.1}$。距表面 0.17mm~0.3mm 为热影响区，其平均硬度为 $620HV_{0.1}$。距表面 0.3mm 以下为基体（45 钢），其硬度为 $240HV_{0.1}$，因此激光化学反应合成 TiC 涂层平均硬度较基体提高了约 3 倍。

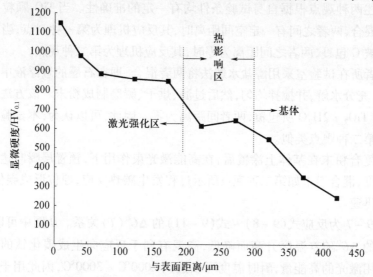

图 9-8　激光强化后硬度分布曲线

对 45 钢基体、激光熔凝强化层及激光熔覆 TiC 强化层进行摩擦磨损对比试验。从表 9-3 可以看出，通过激光强化制备的 TiC 涂层具有良好的耐磨性能，在相同条件下，其磨损量仅为 45 钢基体的 1/13，且摩擦系数明显低于基体和激光熔凝层，这一点从图 9-9 中也可以看出。图 9-10 为试样磨损试验后磨损表面 SEM 照片。从图 9-10(a)看出，基体（45 钢）的磨损过程兼有磨粒磨损和黏着磨损；图 9-10(b)看出 45 钢经激光熔凝处理后摩擦表面较平整，仅有细小犁沟和局部黏着磨损；图 9-10(c)看出激光化学反应合成的 TiC 涂层磨损后表面平整，只有一些细小犁沟，并有 TiC 颗粒分布在表面，说明 TiC 涂层以磨粒磨损为主。

表 9-3　不同表面摩擦系数和磨损量对比

试样编号	处理状态	摩擦系数	磨损前/g	磨损后/g	磨损失重/g
1	基体	0.64	2.2713	2.2578	0.0135
2	激光熔凝强化层	0.55	1.8006	1.7971	0.0035
3	激光熔覆 TiC 强化层	0.50	1.8713	1.8703	0.0010

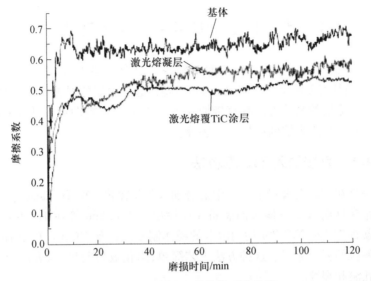

图9-9 不同表面的摩擦系数曲线

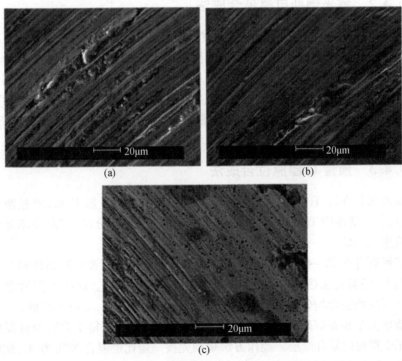

图9-10 摩擦磨损后磨损表面的SEM形貌
(a) 基体；(b) 激光熔凝强化层；(c) 激光熔覆TiC强化层。

9.4 激光制备 TiC 复合涂层的其他方法

TiC 强化层有一个共同特点,即在制备的复合涂层中,弥散分布着大量的 TiC 颗粒,使其表面耐磨性有极大提高,对基体起到很好的保护作用。用激光熔覆制备 TiC 涂层的其他方法有直接加入 TiC 颗粒、激光辅助自蔓延合成法、预置 C 源原位合成和激光辅助铝热还原法等。

9.4.1 直接加入 TiC 颗粒法

该法是在配制熔覆粉末过程中混合加入 TiC 颗粒。W. H. Jiang 等用这种方法在热作模具钢 H13 基体表面制备 TiC 涂层。R. L. Sun 等在 Ti−6Al−4V 基体表面预置 TiC 和 NiCrBSi 均匀混合的粉体制备出含有 TiC、$Cr_{23}C_6$、CrB 及 TiB_2 等强化颗粒的复合涂层。这种方法工艺简单,强化效果明显,但表面粗糙度大,易出现孔洞和裂纹。

9.4.2 激光辅助自蔓延合成法

该方法是将含有 Ti 和石墨的混合粉末预置在基体表面,激光对预置层中 Ti、石墨等粉末进行加热,通过燃烧热和反应热合成 TiC 等强化相。刘文今等将纯 Ti 粉、石墨粉以及自熔性合金粉混合后用送粉方式激光熔覆到 45 钢基体表面,其复合层中弥散有各种形态的 TiC、CrB 等强化相,显微硬度达 $1200HV_{0.2}$。此种方法合成 TiC 反应非常快,需外加能量相对较低,但需要高纯、细微的 Ti 或 TiO_2 粉末作为原料,粉末之间混合困难,对自蔓延合成有一定影响。

9.4.3 预置 C 源原位合成法

该方法是在纯 Ti 基体、FeTi、TiAl 合金等表面预置一层 C 源,通过激光加热,C 元素与基体中 Ti 元素反应生成 TiC 或同时预置钛粉和 C 源,在激光作用下反应生成 TiC。

辛艳辉等在 Ti−46Al−2Cr−1.5Nb−1V 合金表面预置纯石墨粉和 C+Nb 混合粉末,经激光加热原位生成 TiC 颗粒,提高了耐磨性。此法不需考虑如何把两种反应物混合均匀的问题,但需熔化较多的基体材料,稀释率严重。

清华大学杨森等采用激光熔覆的方式在 45 钢表面获得了含有原位反应生成的 TiC 颗粒的复合涂层。操作方法是预先按一定比例混合 Ni60 粉末、钛粉以及碳粉,然后用黏结剂预置于基体表面,再通过激光处理获得强化层。试验制备的强化层宏观质量完好,无裂纹和气孔等缺陷,强化涂层与基体呈冶金结合。

这种方法的特点是:强化相 TiC 是 Ti 元素和 C 元素通过原子直接结合的,其反应方程式为 Ti + C ——→TiC。因为形成的 TiC 晶体结构和金属 Ti 以及石墨的结构都不相同,反应需要的能量较高不容易充分反应;其次,采用机械或手工碾磨混合粉末,难于混合均匀,影响强化相碳化钛的反应生成,造成涂层性能在区域内存在差异,影响整体性能,难以在工业上推广应用。

9.4.4 激光辅助铝热还原法

铝热反应是一种利用铝的还原性获得高熔点金属单质的方法,这是一个放热反应。激光加热预置层当其温度达到铝热反应温度时,开始铝热还原反应,从 Ti 的氧化物中置换出 Ti,在铝热反应放出的能量和激光能量共同作用下,置换出的 Ti 与石墨反应生成 TiC 强化相。A. Slocobe 等用这种方法在 45 钢表面制备出强韧、耐磨的 TiC – Al_2O_3 复合涂层。该方法制备过程短,反应迅速,所需激光能量相对较低,但是铝热反应危险性大,会有 900℃～1500℃ 的高温金属熔融物喷出,需加入一些稀释剂控制铝热反应过程。

用激光制备 TiC 复合涂层的方法很多,各种方法存在的优缺点各异。国内外学者正在积极努力克服缺点,争取早日将该技术应用到实际中去。

9.5 原位化学合成的扩展反应

金属表面激光复合湿化学法制备 TiC 增强涂层方法的扩展,适用于制备其他类似的强化相(AlN、SiC、TiN、Si_3N_4)增强复合涂层,这些强化相都可以用湿化学法将其水合氧化物和石墨混合,然后在保护气氛下,选用激光制备到基体上。以 TiN 为例:

$$4Ti(OH)_4 + 2CON_2H_4 + C \longrightarrow 4TiN + 3CO_2 + 12H_2O \quad (9-12)$$

一般理想状态下,认为通过上述反应可以制备 TiN 强化层,但是由该反应制备氮化钛过程中,由于碳热还原反应需要过量的碳含量,这种情况下,过量的碳将继续与 $Ti(OH)_4$ 反应生成 TiC,因此,反应生成的强化层实际为 TiC 和 TiN 复合层。生成物的百分比可通过调节反应配比,以及调节激光工艺参数来控制。

参 考 文 献

[1] 向芸,杨世源,梁晓峰,等. 液相合成纳米 TiO_2 的进展[J]. 硅酸盐通报,2006,25(3):96–110.

[2] 周武艺,唐绍裘,张世英,等. DBS 包覆钛盐水解制备纳米 TiO_2 的研究[J]. 硅酸盐学报,2003,31(9):858-861.

[3] 胡鸿飞,李大成. 钛醇盐水解制取高纯 TiO_2 微粉的研究[J]. 钢铁钒钛,1995,16(2):16-21.

[4] 徐柠. 激光原位合成碳化钛增强涂层的制备及其摩擦磨损研究[D]. 杭州:浙江工业大学硕士学位论文,2010.

[5] 徐柠,张群莉,姚建华. 激光原位反应制备 TiC 强化涂层的显微结构[J]. 中国激光,2010,37(10):2653-2657.

[6] Jiang W H, Kovacevic R. Laser deposited TiC/H13 tool steel composite coatings and their erosion resistance[J]. Journal of Materials Processing Technology, 2007,186(1-3):331-338.

[7] Sun R L, Lei Y W, Niu W. Laser clad TiC reinforced NiCrBSi composite coatings on Ti-6Al-4V alloy using a CW CO_2 laser[J]. Surface and Coatings Technology, 2009,203(10-11):1395-1399.

[8] 辛艳辉,林建国,任志昂. TiAl 合金激光表面原位 TiC 颗粒增强涂层及高温抗氧化性能[J]. 稀有金属材料与工程,2005,34(6):899-902.

[9] Yang Sen, Wenjin Liu, Minlin Zhong, et al. TiC reinforced composite coating produced by pouder feeding laser cladding[J]. Materials Letters, 2004,58(24):2958-2962.

[10] Slocombe A, Li L. Selective laser sintering of TiC-Al_2O_3 composite with self-propagating high-temperture synthesis[J]. Jounral of Materials Processing Technology, 2001,118(1-3):173-178.

[11] Preiss H, Berge L M, Schultze D. Studies on the carbothermal preparation of titanium carbide from different gel precursors[J]. Journal of the European Ceramic Society, 1999,19(2):195-206.

[12] 方民宪,陈厚生. 碳热还原法制取 Ti(C,N) 的热力学原理[J]. 粉末冶金材料科学与工程,2006,11(6):329-336.

[13] 杨森,钟敏霖,刘文今. 激光熔覆制备 Ni/TiC 原位自生成复合涂层及其组织形成规律研究[J]. 应用激光,2002,22(2):105-108.

10

激光冲击硬化表面改性技术与应用

10.1 激光冲击硬化工艺及特性

10.1.1 激光冲击硬化工艺

激光冲击硬化是利用短脉冲(几纳秒到几十纳秒)的高峰值功率密度($>10^9\text{W/cm}^2$)的激光辐射金属表面,产生高温($>10^7\text{K}$)、高压($>\text{GPa}$)的等离子体,该等离子体受到约束层的约束产生高温应力波冲击金属表面,并向内部传播,在材料表面产生塑性变形,形成残余应力,从而提高材料的强度、硬度和疲劳性能的表面改性工艺技术。

冲击硬化的效果取决于激光在材料表面产生的冲击波的波形和振幅,而波形与振幅又取决于被加热气体的热过程。该过程由作用于表面上的激光功率密度及其作用时间控制,因此必须在相当短的时间内吸收激光的能量,以免能量从作用区损失;该过程同时还受到流体动力学过程的影响。这两种影响均会减少冲击波幅值,热传导及其吸收材料的汽化热会影响冲击波应力场,特别是会降低激光功率密度。当入射的激光功率密度$>2\times10^9\text{W/cm}^2$时,对具有不同吸收特性的任何材料,所产生的冲击波峰值压力影响不大。因为在较高激光功率密度作用下,大部分被吸收的能量首先用于气体的加热,其冲击波的波形和幅值仅随着激光脉冲的波形及幅值而衰减,只不过冲击波的衰减时间较慢,这是因为受到作用于周围材料的速率和通过气体热传导进入较冷的临近材料速率的控制。当激光功率密度下降到 $1 \times 10^9 \text{W/cm}^2$ 时,由于汽化材料的低热量,较多的能量用来加热母材,因此难以产生冲击硬化。如图 10-1 所示,当入射激光条件相同时,具有低热传导系数及低汽化热的锌比铝能产生较高幅值以及持续较长时间的压力脉冲,即表明锌产生冲击硬化所需激光功率密度要大于铝材。

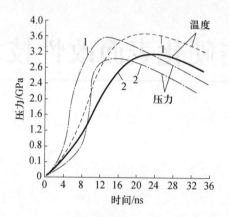

图 10-1　激光脉冲产生的压力场与其在作用区持续时间和温度的关系
1—在镀铝的锌材上涂覆石英层;2—在铝材上涂覆石英层。

此外激光冲击硬化处理的工艺还应考虑激光波形与约束层介质的匹配和单次冲击处理的面积等因素。如近红外线波段的激光,容易被水吸收;紫外激光,容易导致水击穿。增大单次冲击处理面积会提高处理的效率,但大面积冲击处理会产生孔洞效应,所以单次处理的面积应有所限制。

由于激光冲击硬化在工件表面形成残余应力的大小、性质及其分布状态是反射应力波共同作用的结果,而涂层、约束层与激光参数对激光冲击强化的残余应力分布有着很大的影响。因此,通过对具体激光冲击工艺进行规范,以确定在具体工件的表面残余应力大小与分布,从而实现最佳的冲击硬化效果。

10.1.2　激光冲击硬化特性

(1) 激光冲击硬化是采用高峰值功率的短脉冲激光作为冲击波源,应力幅值不像喷丸、挤压等受挤压材料强度的限制,且冲击区域由光路控制。因此具有应变影响层深、易实现自动化生产的特点。尤其在喷丸、挤压、撞击硬化等常规方法无法进行的局部表面如小孔、焊缝、拐角或不规则复杂空间结构的硬化方面更具有明显的优势。

（2）金属材料在冲击波高压作用下发生塑性变形而形成冲击硬化区，其表面宏观特征为表面产生较大的残余压应力和较高的表面硬度，其内层显微特征是密集的位错和细化的晶粒，这几个因素共同作用使金属材料的疲劳寿命获得大幅度的提高。激光冲击区的表面质量是这几个因素的综合反映，可以通过表面质量的优劣直观地判别或检验激光冲击硬化的效果。

（3）当激光冲击硬化在工件表面形成的压应力的深度超过裂纹深度时可以减缓疲劳裂纹的扩展速率。

（4）由于激光冲击硬化会使金属表面发生塑性变形，因此也将使金属表面的粗糙度发生改变，而表面粗糙度的降低将会有助于提高疲劳裂纹萌生的寿命。如张宏对 2024 - T62 铝合金的研究表明，随着激光脉冲功率的增加，表面粗糙度呈下降的趋势，由冲击前的 $Ra=1.6\mu m$ 下降到 $Ra=0.09\mu m \sim 0.88\mu m$。

（5）当激光冲击处理产生的冲击峰值压力超过金属材料的动态屈服强度时，材料表面发生塑性变形，其宏观表现就是在冲击区形成一个微凹坑。通常激光冲击处理后的塑性变形是不均匀的，这与激光光斑呈高斯分布是一致的。Chu 等人在没有约束层时对低碳钢的激光冲击研究表明，当激光能量为 6J 时，材料表面没有明显凹坑；而随着激光能量增加至 31J 时，表面开始形成微凹坑；直至能量增大至 111J 时，微凹坑的深度达 $1.5\mu m$。P. Peyre 对 Al - 12Si 和 A356 - T6 及 7075 - 7351 三种铝合金研究显示，表面宏观塑性变形与材料表面残余压应力存在着对应关系，随着塑性变形的增大，表面残余应力也随之增大。显然表面塑性变形的大小从一定程度上反映了表面残余应力的大小。从图 10 - 2 也可以看出，随着激光能量的增加，表面塑性变形有增大的趋势，这是因

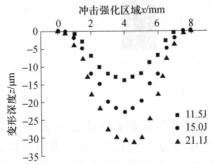

图 10 - 2　一次冲击时不同激光能量下的试件表面变形

为激光脉冲功率密度越高,激光诱导的脉冲峰值压力超过金属材料动态屈服强度的幅值越大,表面变形也就越大。

(6) 激光冲击处理可以提高材料表面硬度和疲劳强度。如 316 不锈钢激光冲击处理后,冲击区显微硬度比未处理增加了92%。ASE1010 低碳钢冲击区显微硬度增加了 30%~80%。对 Waspaloy 镍基合金经激光冲击后,距表面 $50\mu m$ 深处出现变形带、位错和许多位错环。位错密度可以通过显微硬度表现出来,因此可以用显微硬度作为评价激光冲击硬化效果的依据之一。

10.2 激光冲击硬化的机理

当脉冲激光的功率密度为 $10^9 W/cm^2$,脉冲持续时间为 20ns~40ns 时,激光使材料表面层迅速汽化,在表面原子逸出期间,产生冲击波。大功率激光脉冲的作用基本上是力学性质,其热作用可以忽略不计。它的作用范围局限于靠近照射表面附近的区域。

冲击波的幅值约为 $10^4 Pa$,它足以使金属产生强烈的塑性变形,使激光冲击区域的显微组织呈现位错的缠结网络,其结构类似于经高爆炸冲击及快速平面冲击的材料中的亚结构。这种组织能明显提高材料的表面硬度、屈服强度和疲劳寿命。

P.Peyre 等人对激光冲击硬化的理论模型进行了较为系统的研究,图10-3 为靶材组合的平面一维几何模型。激光能量在固体物质的界面(即图中靶材和对激光透明的约束介质之间的界面)释放,并且仅局限在固体材料表层。界面中的等离子体吸收激光能量后内能增加,并产生打开界面的作用。

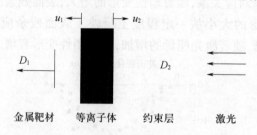

图 10-3 约束方式下的几何模型

其中,内能中仅有内能分配系数 α 代表热能 $E_r(t)$,其余 $(1-\alpha)$ 为电离气体的消耗。根据理想气体压力 P 与热能 E_r 的关系式可导出冲击波压力的公式。假设在激光脉冲时间内,功率密度为常量 I_0,界面无间隙(即 $L(0)=0$),可得出压力在脉冲期间也为常量,其等离子体峰值压力和长度公式为

$$P = 0.10\left(\frac{\alpha}{2\alpha+3}\right)^{1/2} Z^{1/2} I_0^{1/2} \tag{10-1}$$

$$L(\tau) = 2 \times 10^4 P \cdot \tau \cdot Z^{-1} \tag{10-2}$$

式中：P 为等离子体压力（kbar）；Z 为由靶材阻抗 Z_1 和约束介质阻抗 Z_2 引起的界面阻抗（g/cm²·s）；I_0 为激光功率密度（W/cm²）；$L(\tau)$ 为在 τ 冲击时间内冲击波波幅的长度（μm）。

从式（10-1）和式（10-2）得知：激光冲击处理产生的等离子体压力正比于激光功率密度的 1/2 次方，其波峰长度正比于等离子体压力，反比于界面的阻抗。

同理根据直接冲击和加约束层冲击模型的不同推导，可明显看出两者压力的不同。如当 $\lambda = 1.06 \mu m$，$\tau = 10 ns$，$Z = 2.1 \times 10^6 g/cm^2 \cdot s$（玻璃/铜界面），激光功率密度 $= 10^9 W/cm^2 \sim 10^{12} W/cm^2$ 时，计算出约束方式获得的冲击压力（$P\tau$）是直接冲击的 3.6 倍～3.7 倍。

激光冲击硬化的同时存在峰值压力饱和现象和逆向韧致辐射（IB）效应的制约因素。在 20ns 的高斯脉冲和以水作为约束的模式，当激光功率密度超过水电击穿阈值 $4 \times 10^9 W/cm^2$ 就会产生峰值压力饱和。这种现象是约束介质电击穿的结果，由于电离雪崩过程和传递到界面能量的锐减，电介质的内部和表面产生等离子体，水对穿透的激光束变得不透明，从而导致激光无法传递到吸收层。玻璃等其他约束介质也存在相应的峰值压力饱和现象。

逆向韧致辐射效应是涉及约束介质等离子吸收的主要机制，因此对激光脉冲波形进行修整是减小逆向韧致辐射损伤效应以提高激光与靶材物质耦合的有效方法，如 SRT（Short Rise Time）脉冲是获得比高斯脉冲更高压力的一种非常有效的方法，因为更短的能量传递时间避免了电离雪崩的发生。另外一种减小逆向韧致辐射吸收的途径是采用更短波长的激光束，这样可以延长到达靶材表面的能量传递的持续时间，并延长冲击波持续时间，如日本采用倍频 YAG 激光实现了对水中金属零件表面的高效冲击硬化处理。

10.3 激光冲击硬化的工业应用

激光冲击硬化技术是随强脉冲激光技术发展而产生的。美国哥伦比亚的巴特尔学院 B. P. Fairand 等人于 1972 年就进行激光冲击 7075 铝合金表面处理研究。1986 年以后，法国 LALP 实验室在汽车和航空工业界的支持下进行了高效、清洁的现场激光冲击硬化新工艺研究。进入 20 世纪 90 年代后，激光冲击处理得到普遍重视，美国、法国、日本、俄罗斯和中国等纷纷进行了工业应用的探索和试验研究。

尽管国际上对激光冲击处理的研究进行了 20 多年,但限于设备造价高昂,重复频率低,所以一直难以从实验室走入市场。然而最近十几年来有明显的工程化应用趋势。1993 年后,美国 GE 公司已开始利用激光对涡轮机风扇叶片进行冲击硬化。1995 年初,美国成立了激光冲击处理技术公司,并开始研制用于特定零件强化的现代激光装置。1998 年 11 月至 1999 年 7 月间,美国国内因发动机故障引起 6 次 F-16 飞行事故后,美军方要求发动机公司对 F110-GE-100、F110-GE-129 的风扇一级工作叶片进行激光冲击处理,以提高叶片表面压应力,防止叶片裂纹的产生。美国加州大学的劳伦斯里维莫尔国家实验室(Lawrence Livermore Laboratory)与 MIC(Metal Improvement Co.)公司合作进行了激光冲击硬化的商业化研究,并在 1997 年至 1999 年间申请激光冲击硬化应用专利多达 16 项,2000 年为 7 项,2001 年 6 月前即达到 7 项之多,内容涉及激光冲击处理发动机叶片、模具,小能量激光飞行冲击硬化,质量保证技术,对激光束的修正以及光学器件研究等。日本在 1995 年后也申请了一些工业应用的专利,如激光冲击处理用于核反应堆中环形零件和焊接线及焊缝的强化,以减小应力腐蚀对裂纹的敏感性和提高零件的疲劳强度等。

我国江苏大学、北京航空航天大学和北京航空工艺研究所等单位先后开展了激光冲击硬化理论模型、各种约束介质对冲击硬化效果的影响等基础研究。目前正结合典型零件或材料开展工业应用研究,如对 175A 型柴油机曲轴和连杆轴所用的 QT700 及 QT450-10 球墨铸铁试样进行了激光冲击硬化试验,获得 1.0mm 硬化层、表面最高硬度达 590HV,比基体提高 65%~75%,耐磨性比冲击硬化前提高了 1.4 倍,使用寿命提高 150%,当激光功率密度由 2.8GW/cm^2~3.6GW/cm^2 提高到 10.6GW/cm^2 时,试样表面残余压应力由 326MPa 提高到 495MPa。

对 GH30 高温合金的氩弧焊接接头进行激光冲击处理后,其抗拉强度提高了 12%;对 1Cr18Ni9Ti 不锈钢等离子焊接接头疲劳寿命提高了 300%。激光功率密度和搭接率对马氏体不锈钢激光冲击区的表面轮廓有较大的影响。激光功率密度从 3.79GW/cm^2 到 7.25GW/cm^2,冲击区塑性变形程度随功率密度增加而增大;当激光功率密度为 6.09GW/cm^2 时,冲击塑性变形程度适中,其残余压应力平均值达 569.1MPa。搭接率为 33% 时,可获得较大面积无挤出的激光冲击区,其塑性变形均匀,变形深度波动在 2μm 以内,在此搭接率其冲击区挤出的面积较小,且呈规律分布,便于再次冲击,可降低冲击区的表面波纹。

激光冲击硬化表面改性是一种很有发展前途的局部表面强化工艺技术,但要扩大工程应用领域必须提高处理效率和降低运行成本。因此,发展高频率、强脉冲小型化激光器,研究清洁高效的约束方式和相应的光路设计,降低运行成本和开拓新的应用领域,是当今激光冲击硬化表面改性技术实用化研究和发展的重要方向。

参 考 文 献

[1] Peyre P., Fabbro R., Berthe L., et al. Laser shock processing materials, physical processes involved and examples application[J]. Journal of Laser Application, 1996,8(3):135-141.

[2] Chu J P, Rigsbee J M, Banas G, et al. Effect of laser-shock processing on the microstructure and surface mechanical properties of hadfield manganese steel[J]. Metallurgical and Materials Transactions A, 1995, 26A:1507-1517.

[3] 王家金.激光加工技术[M].北京:中国计量出版社,1992.

[4] 张宏.抗疲劳断裂激光冲击处理技术的研究[D].南京航空航天大学博士学位论文,1997.

[5] Chu J P, Rigsbee J M, Banas G, et al. Laser shock processing effects on surface microstructure and mechanical properties of low carbon steel[J]. Materials Science and Engineering A, 1999,260:260-268.

[6] Peyre P, Fabbro R, Merrien P, et al. Laser shock processing of aluminum alloys[J]. Materials Science and Engineering, 1996,210A:102-113.

[7] 杨建风,周建忠,冯爱新.激光冲击强化效果的无损检测[J].机床与液压,2007,35(5):160-162.

[8] Xin Hong, Shengbo Wang, Dahao Guo, et al. Confining medium and absorptive overlay: their effects on laser-indulge shock waves[J]. Optics and Lasers in Engineering, 1998,29:447-455.

[9] Klaus Eisner, Adolf Lang, Karsten Schutte. Shock hardening as a novel technique for materials processing [C]. Proceeding of SPIE, 1996,2789:274-280.

[10] 邹世坤,王健,赵勇,等.激光冲击处理对铆接结构疲劳性能的影响[J].应用激光,2000,20(6):254-256.

[11] Obata M, Sano Y, Mukai N, et al. Effect of laser peening on residual stress and stress corrosion cracking for type 304 stainless steel[C]. The 7th international conference on shot peening, institute of precision mechanic, Warsaw, Poland, 1999:387-394.

[12] 高立,张永康.曲轴激光喷丸强化试验研究[J].应用激光,2006,26(6):372-374.

[13] 邹世坤,王健,王华明.激光冲击处理对焊接接头力学性能的影响[J].焊接学报,2001,22(3):79-81.

[14] 曹子文,邹世坤,但丽玲.工艺参数对马氏体不锈钢激光冲击区表面轮廓的影响[J].应用激光,2008,28(4):278-281.

11

激光非晶化表面改性技术与应用

11.1 激光非晶化工艺及特性

激光非晶化是用高功率激光束快速加热材料表面,借助材料自身的热传导快速冷却而直接得到非晶组织的表面改性技术。非晶化的金属又称金属玻璃,是指其原子排列长程无序,但在几个晶格常数范围内(15×10^{-10} m 左右)短程有序的金属。

金属玻璃作为一种具有优异性能的新型材料,是当前材料领域研究的热点之一。自 1960 年后,美国人卜杜维茨发明了直接将金属急冷制备非晶态合金的方法——喷溅冷却法(Splating cooling),陆续发现了大量的非晶合金体系。目前,块体非晶合金体系有 Pd、Pt、Au、Ce、Nd、Mg、Ca、Cu、Ti、Fe、Co、Ni 和 Zr 基等,从二元素到多元素都可以形成非晶态。2003 年,美国橡树岭国家实验室 Lu 等将 Fe 基非晶的尺寸从过去的毫米级进展到厘米级,其研制的 Fe 基块体非晶最大直径达到了 12mm。之后沈军等进一步将 Fe 基块体非晶合金尺寸提高到了 16mm。但是,目前这种材料尚未得到大范围推广应用,因为其制备过程难以控制,在实际应用中被限制在薄带、细丝等形状。而这种薄带或细丝几乎没有办法在保持非晶态不变条件下与整体金属零件紧密结合,这就大大限制了非晶合金的应用领域。

由于激光的高能量密度、选区加热以及在大气环境下处理的特性,可以在整体金属零件表面直接形成非晶合金层。为此,在 20 世纪 80 年代末、90 年代中期,出现了用固体脉冲激光和连续输出 CO_2 激光研究非晶化的高潮;并在 FeB、NiSiB、FeNiPB、FeCSiB、C – N 共渗层等易形成非晶的材料上,通过激光处理均获得了非晶。

11.1.1 激光制备非晶层的工艺方法

制备激光非晶层的工艺方法主要有以下三种。

1) 激光直接照射法

这种方法又称激光上釉,它是 1975 年美国联合研究中心首先提出的表面改性技术,即将激光功率密度提高到 $1\times10^7 \mathrm{W/cm^2} \sim 1\times10^8 \mathrm{W/cm^2}$,对金属材料表面快速扫描,使金属表面产生极薄熔化层,该熔化层与基体形成极大的温度梯度,从而得到极高的冷却速度,以此获得非晶层。但是,激光上釉的冷却速度必须达到远高于常规急冷法的临界冷却速度时才能得到非晶层。因为常规急冷时熔体是经保护气氛高温熔炼较长时间的加热,熔体成分均匀、纯净;激光上釉有时合金表面不可避免氧化、界面换热系数低于常规制备非晶的淬火法,因为常规制备非晶合金时的临界冷却速度可以认为是均匀熔体以均匀形核为生长机制的最低冷速,而激光非晶化是一种快速加热和快速冷却的过程,熔体在液态存在的时间很短,熔体不可能是完全均匀的。激光加热时,基体部分被熔化,冷却时,上釉层可以不经过形核直接在基体上生长,即外延生长。此时,界面换热系数趋于无穷大。因此这种方法制备的非晶层厚度很薄(一般为几十微米),而且非晶层性能及成分也受制于基体材料,不是所有的熔体在冷却状态下的非晶合金都能在基体上以激光上釉的方法获得非晶层,因而限制了它的应用范围。

2) 激光熔覆预置法

激光熔覆制备非晶层可以用预置粉末或与激光同步送粉法,将易形成非晶的合金元素熔覆在基体材料表面或与基体表面形成合金层,经激光均匀化处理后再进行激光快速熔凝获得非晶。如钟敏霖等用激光合金化 + 激光均匀化处理 + 激光快速熔凝工艺,在珠光体球墨铸铁和灰铸铁试块表面的 FeCSiB 共晶合金化层上获得了非晶层。当激光非晶化功率密度为 $2.1\times10^6 \mathrm{W/cm^2}$、扫描速度为 2100mm/s 时,得到最大层宽 0.65mm、层深 70μm,占整个熔池面积 80% 以上的非晶层。

3) 常规处理预置法

用常规处理如电镀、气相沉积、喷涂、熔焊、热等静压和元素共渗等方法,将易形成非晶的合金元素沉积、熔焊或渗入基体表面,再用激光快速熔凝处理获得非晶层。如苏宝蓉等在20钢的纺织零件上,先进行气体C-N共渗淬火回火处理,再用高重复频率YAG激光、脉冲大能量钕玻璃激光和连续输出的大功率CO_2激光进行快速熔凝处理,结果是:①三种激光在一定条件下(功率密度10^5 W/cm^2、冷速400mm/s~500mm/s、光斑1.5mm~2mm)均能在C-N共渗层上得到非晶层。②C-N共渗层激光非晶化层,深度在10μm以内。③C-N共渗层激光非晶化层的热稳定性在250℃左右。④YAG激光非晶层的抗腐蚀性能初期远高于CO_2激光非晶层,但随着腐蚀时间的延长,CO_2非晶层的抗腐蚀能力更加稳定,而且远大于两种固体激光非晶层。激光非晶层的抗腐蚀性能均比未经激光处理的多晶C-N共渗层提高一倍以上。⑤C-N共渗激光非晶层的抗腐蚀性能比未经激光处理的多晶C-N共渗层提高17%~38%。

影响激光非晶层形成的因素如下:

1) 形成非晶层合金元素的均匀化

激光非晶化时,合金表面熔化与随后的冷却过程有密切关系。在激光功率密度不变的条件下,提高扫描速度,相应地减少了熔池的寿命,也就减少了熔体成分均匀化所需的时间。当熔池寿命短到一定程度时,熔池内合金成分不均匀,各微小体积元之间的成分出现差异,甚至因时间太短,熔池中还保留未熔的原始晶体。显然,原始组织弥散度不同,在同样条件下的激光作用后,熔池的成分均匀性不同,即各体积单元的合金成分和热力学参数不同。处在共晶点的成分形成非晶能力最大,偏离共晶成分时,都将因凝固温度升高而降低形成非晶的能力。因此,成分不均匀的熔体过冷到低温时,将可能在偏离共晶成分、非晶形成能力差的微小区域形成晶体相,降低了相邻区域形成非晶的能力。

2) 熔池底部晶态基体的外延生长

常规非晶化时熔体与急冷散热体(中心水冷的铜辊)的材料不同,且散热体表面不可避免存在氧化皮,因而无外延生长现象。激光非晶化时熔体是从基体局部表面熔化而来,与基体成分相同;且紧密结合,无人为界面,且可能的结晶相与基体有相近的晶体结构和晶格常数,冷却条件又良好,因此很容易促使底部晶体不经形核就向熔体快速外延生长,从而提高了临界冷却速度,降低了非晶形成的能力。

3) 晶态基体的晶粒大小和成分均匀化

晶态基体的原始晶粒度和成分均匀化对激光非晶化的临界冷却速度有明显的影响。晶粒越小,成分越均匀,则临界冷却速度越小;反之则越大。试验表明,组织粗大的铸态组织容易促成快速外延生长而得不到非晶,只有经多次扫描,并随激光功率和扫描速度的增加,才能使非晶化合金产生从铸态粗大树枝晶→细枝晶→非晶态的转变。因此,铸态合金只有当组织足够细,局部成分足够均匀,使临界冷却速度降到足够低时,才有可能得到非晶。

4) 非晶合金涂层与基体预结合的方式

非晶合金层与基体预结合方式有两个类型,即粘结式送粉激光熔覆法和常规处理预置法。前者由于涂层成分不易均匀,结合区较粗糙,降低了形成非晶的能力,为此,需要更高的功率密度和冷却速度才能获得非晶。而用常规处理预置法,由于非晶合金层预先已经过熔炼或电镀或渗入等处理,其成分均匀、组织细密,降低了临界冷却速度,提升了形成非晶的能力。

11.1.2 激光非晶化特性

(1) 激光非晶层具有优异的力学、化学和物理性能。非晶态金属合金的长程无序和无晶界与堆垛层错等结构特点使其具有一系列独特的优良性能,如具有强韧兼备的力学性能、高屈服强度、大弹性应变极限、无加工硬化现象及高耐磨性等;优良的抗多种介质腐蚀能力等化学特性;优良的软磁、硬磁及独特膨胀等物理性能。Fe 基非晶合金作为一种具有极大应用前景的非晶合金,具有优异的力学和物理性能,及相对于其他合金体系的廉价性,使其越来越受到人们的重视。Fe 基非晶抗拉强度在室温下高达 1433MPa,约是传统铁晶体抗拉强度(630MPa)的 2.27 倍,抗压强度和维氏硬度分别达 3800MPa 和 1360MPa。在 C-N 共渗纺织零件钢令上(基体为 20 钢)激光非晶层的抗磨蚀性能比未经激光处理的 C-N 共渗多晶层提高一倍以上。

(2) 激光非晶层的厚度为几微米至几十微米。常规急冷法的冷却速度达到 10^6 K/s 即可以获得非晶,而激光非晶化由于合金成分不均匀和熔池底部晶态基体的外延生长,使其临界冷却速度必须远高于 10^6 K/s 才能得到非晶,因此,难以得到较厚的非晶层。

(3) 激光非晶层的结构为非平衡的亚稳态。这是因为非晶态是通过快速急冷而保留下来的状态,在热力学上它是不稳定的。当把非晶层加热到一定温度时会发生非晶态转变为晶态。此时非晶态合金中的原子排列又恢复到晶态的长程有序,非晶态的优点不复存在。晶化温度与非晶合金层的化学成分等因素有关,一般铁基非晶合金体系的晶化温度在 250℃左右。

11.2 激光非晶化机理

将金属熔体以大于一定的临界冷却速度急冷到低于某一特征温度,以抑制晶体形核和生长,是获得非晶态固体的基本准则。激光非晶化是利用激光作用于材料,使其表面薄层熔化,同时在固、液两相间保持极高的温度梯度,从而满足形成非晶的急冷条件。

在非晶合金中,原子间的结合特性、电子结构和原子尺寸的相对值是决定非晶态形成能力的内部因素。金属与合金的晶体结构比较简单,原子之间是以无方向性的金属键结合,在一般条件下凝固时熔体原子很容易改变相互结合和排列的方式而形成晶体。只有在很高的冷却速度下才能"冻结"熔体原子的组态形成非晶态,而很多晶态的非金属化合物的原子键和相应的平衡相结构正好相反。在合金中,异类原子间的短程作用越强,则异类原子组成的原子簇团结合得越牢固,从而没有足够的动力和时间作较长程的迁移或集体重排,以产生适于晶态的有规律的原子态。此外异类原子的大小差别越大,则异类原子组成的原子簇团结合得越紧凑,原子很难产生较长程的迁移或集体重排,以产生适于晶态有规律的原子形态。因此即使以很低的冷却速度冷却也能形成非晶态。金属或合金形成非晶态能力还与其电子结构的特点和价电子浓度有关。根据 Inoue 的经验三原则,各组元之间具有负的混合焓,其中三种主要组元之间具有较大的负混合焓,这加剧了冷却过程中的晶化相之间的相互竞争。合金组元数量的增多引起液相熵值增大和原子随机堆垛密度的增加,这有利于焓值和固/液界面能的降低,即多组元非晶合金形成的"混乱原理"。

从动力学考虑,形成非晶能力强的熔体在过冷状态下一般具有高的粘度和慢的运动状态,这极大地延缓了熔体的稳定形核过程。因为晶体的形核和长大需要原子团进行长距离扩散才形成长程有序的晶体结构,只要过冷熔体有足够大的粘度和足够快的冷却速度,就可以将过冷熔体保留下来而形成非晶态。

常规长时间加热、急冷(中心水冷的铜辊)和激光快速加热、急冷所形成的非晶的机制不同。前者熔池底部晶态基体无外延生长现象,它是以成分均匀的熔体以均匀形核为主要机制而获得非晶的最低冷却速度;后者是以熔池底部晶态基体的外延生长和成分不均匀熔体以非均匀形核为主要机制而获得非晶的最低冷却速度。显然前者比后者更容易形成非晶。

11.3 激光非晶化工业应用实例

激光非晶化表面改性技术据国内外可查到的资料看,在工业上得到实际应用的不多。以纺织机械钢令跑道的非晶化处理为例,钢令是纺纱机械量大面广的关键易损件之一,它以 $6\times10^4 \text{r/min}$ 的旋转速度连续工作,常因 3mm 宽的弧形跑道磨损严重而报废。此外,由于钢令跑道表面腐蚀性能差,造成纺纱断头率高,纺织产品质量低劣。为此上海纺织一厂选用高重复率(50Hz) YAG 激光,用双路光纤以不同角度传输到钢令跑道的弧形面上,使两束光斑同时包裹了整个弧形面,钢令通过自动瞄准、自动上料,以 400mm/s ~ 500mm/s 速度旋转一周后自动下料,由此完成钢令激光非晶化的全过程,耗时 0.1s。其耐磨性比未经激光处理的多晶 C – N 共渗层提高 1 倍以上,纺纱断头率降低 50% 以上。

这条小型激光钢令非晶化生产线自 1992 年建成后至今仍在正常运行中。由于全国纺织业的调整,现该设备已搬迁到苏州中德合资纺织机件企业,但仍按原工艺正常进行激光非晶化钢令的生产。

由于激光非晶层具有独特的优异性能,开辟了激光应用技术的新领域,作为一种新型的应用技术,目前正处于研究成果多、实际应用较少的局面,还存在下面一些关键问题尚待研究和解决。

(1) 如何控制基体的外延生长,减少非均质形核质点,从而获得大面积非晶层。

(2) 从热力学和热物理学的观点出发,系统研究激光熔覆的快速凝固行为,特别是一些稳定相和非晶的形成规律,研究在远离平衡态条件下的凝固动力学和结晶学,借以发展快速凝固理论。

(3) 激光熔覆非晶复合涂层工艺的研究。激光熔覆工艺与涂层组织,特别是涂层中的非晶含量有着极大的关系。研究工艺参数与非晶含量的关系,通过激光熔覆获得大面积非晶涂层将是大面积、大厚度非晶材料制备的重要研究方向。

(4) 激光制备非晶涂层质量控制的研究。涂层质量控制中最棘手的问题是涂层的开裂。材料间热膨胀系数、弹性模量的明显差别及激光熔池区域的温度梯度所决定的热应力是裂纹形成的根源。设计选择合适的熔覆材料体系和适宜的工艺参数可减少涂层开裂的倾向。

参 考 文 献

[1] Lu Z P, Liu C T, Thompson J R, et al. Structural amorphous steel. Phys[J]. Rev. Lett., 2004,92: 245503 -245507.

[2] Shen Jun, Chen Qingjun, Sun Jianfei, et al. Exceptionally high glass – forming ability of an FeCoCrMoC-BY alloy[J]. Applied Physics Letters, 2005,86(15):151907 -151909.

[3] 钟敏霖,刘文今. Fe – C – Si – B 合金连续激光非晶化及非晶化形成条件的研究[J]. 金属学报, 1997,33(4):413 -419.

[4] 陈兰英,苏宝蓉,陈泽兴,等. 碳—氮共渗层激光非晶态的研究[J]. 中国激光,1992,19 (4):316 -320.

[5] 黄德群,王浩炳,苏宝熔. 用扫描电子显微镜研究激光法制备的非晶态金属[J]. 中国激光,1983,10 (11):782 -784.

[6] Inoue A. Stabilization of metallic supercooled liquid and bulk amorphous alloys[J]. Acta Mater., 2000, 48:279 -306.

[7] Inoue A, Zhang T. Takeuchi A. Bulk amorphous alloys with high mechanical strength and good soft magnetic properties in Fe – TM – B (TM:IV – VIII group transition metal) system[J]. Appl. Phys. Let., 1997,71:464 -466.

[8] Inoue A, Shen B L, Chang C T. Super-high strength of over 4000MPa for Fe – based bulk glassy alloys in [(Fel – xCox)0.75B0.2Si0.05]96Nb4 system[J]. Acta Materialia, 2004,52:4093 -4099.

[9] Greer A. L. Materials science-confusion by design[J]. Nature, 1993,366(25):303 -304.

12 有色金属激光表面改性技术与应用

激光表面改性技术在提高有色金属材料的耐磨损和耐腐蚀性能方面也有较大潜力。由于 Al、Mg、Ti、Cu 等有色金属材料与黑色金属相比有着各自独特的优势,在航天航空、汽车、计算机、通信、海洋、化工、医学等领域存在着潜在应用市场,但目前实际研究成果较多,进入实用化较少。

12.1 铝合金激光表面改性技术

12.1.1 铝合金特性

铝合金具有密度小、热膨胀系数低、易于成形、热导率高、成本低廉等优点,正广泛应用于航天航空、汽车、包装、建筑、电子等各个领域。铝合金结构件在使用中存在一些问题,如在有氧离子及碱性介质存在的情况下,它极易发生点蚀、缝隙腐蚀、应力腐蚀和腐蚀疲劳等多种形式的失效,且其硬度较低、摩擦系数较高,容易拉伤和难以润滑,这在很大程度上限制了铝合金的使用范围。

激光表面改性技术通过激光束与材料的相互作用使材料表面发生物理化学性能变化,因此它是改善铝合金表面性能的有效方法。与其他传统方法(阳极氧化、PVD、CVD、溶胶—凝胶、等离子喷涂以及等离子微弧氧化等)相比,其最大的特点是改性层厚而致密,与基体呈冶金结合,且结合强度高。铝合金的品种虽不及钢铁那么多,但也不少,其成分、性能和用途也各异。因此需有针对性地采用激光熔凝、合金化、熔覆等激光表面改性的方法,满足更多应用领域的需求。

12.1.2 铝合金激光重熔强化改性技术

铝合金分为变形铝合金和铸造铝合金两大类。在变形铝合金中,不能用热处理强化的多为单相铝,其强度的获得只靠固溶强化和冷作硬化。这类合金采用激光重熔处理后,虽然可使晶粒细化,并产生大量位错,但硬度增加不明显。因为这类铝材中合金元素含量较低,难以提高固溶体中的过饱和度。相反,对经过冷作硬化处理的材料再进行激光重熔处理后,其硬化效果消失,出现软化现象。

对可以用热处理方法强化的铝合金,激光重熔处理后,强化的效果取决于合金的初始状态。如合金未经热处理且组织含有稳定的二次相的固溶体,经激光重熔处理后就可以得到含过饱和固溶体和细化组织的强化层。但这类合金的合金元素含量有限,且通常都是经过时效处理后才使用的。此时组织中含有介稳偏析物的固溶体和介稳相。经激光重熔后,将出现介稳相溶解,快速冷却凝固后形成过饱和度不高的固溶体,因此会出现表面硬度比处理前降低的现象。可见,变形铝合金不适宜采用激光重熔表面改性技术。对铸造铝合金采用激光重熔表面改性技术效果显著,其处理后的表面硬度与其含 Si 量有关。亚共晶 Al－Si(如 ZL104)硬度提高 20%～30%,其耐磨性提高 1 倍。共晶 Al－Si 合金(ZL108,ZL109)硬度提高 50%～100%,而过共晶 Al－Si 合金硬度提升大于 100%。ZL109 合金经激光重熔处理后改性层的组织明显细化,发现细化的处理层枝晶间距是基体组织中枝晶间距的 1/18,其 α－Al 固溶体中的 Si 含量呈过饱和状态,平均硬度比基体提高了 30HV～110HV,耐磨性提高 1.5 倍～3.0 倍。

12.1.3 铝合金激光合金化表面改性技术

铝合金的激光表面合金化不仅可以提高表面强度、硬度等性能,还可以在铝合金表面制备出与基体呈冶金结合的具有各种优良性能的新型合金表层。为使合金化元素对铝合金产生强化作用,加入的合金元素必须与基体满足液态互溶、固态有限互溶或完全不溶的热力学条件,方能在激光合金化处理时达到固溶强化、沉淀强化或第二相强化等效果。

Si 和 Ni 是铝合金化中最常用的合金元素。Si 溶于铝中形成固溶强化层，同时还可以形成大量弥散分布的高硬度的 Si 质点(1000HV~1300HV)，从而提高耐磨性。Si 粒子的弥散分布有两种形式，即未熔 Si 粒子对流混合弥散分布和粒子完全熔化再以先共晶粒子析出呈弥散分布。前者可通过多次激光照射使硅粒子充分熔化形成在 Al-Si 合金的共晶基体上分布的片状先共晶硅组织。

Ni 在浓度较低时与 Al 形成 NiAl 硬化相，可有效地强化铝基材料。此外，Cr、Fe、Mn、Mo、Ti、Zr、V、Co 等也是对 Al 进行合金强化的有效元素，它们在铝合金表面形成过饱和固溶体及多种介稳化合物强化相。有时为了降低摩擦系数，还加入 MnS_2；或为了提高硬度和耐腐蚀性，加入 TiC、WC、SiC 等硬质粒子。

姚建华等对 ZL109 铝合金表面进行 FeNiCr 合金化处理，发现铝合金表面出现 Al_9NiFe 和 $Al FeNiSi$ 硬化相，强化了铝合金表面。

Staia 等对 A356 表面加入 96%WC，2%Ti 和 2%Mg 混合粉进行激光合金化处理后，获得 WC、W_2C、Al_4C_3 相及少量 Al_2O_3 和 SiO_2，耐磨性显著提高。Almeida 等在纯铝板上加入 75%Al 和 25%Nb 激光合金化后获得 Al_3Nb 金属间化合物相和少量枝晶体 α-Al 固溶相，表面硬度可达 450HV~650HV，无裂纹。Dubourg 在 Al 基板上加入 Al、Cu 粉末(90%Cu+10%Al)和 99.5%Al 粉进行激光合金化后获得 Al_2Cu 相，其硬度和耐磨性比基体显著提高。

12.1.4 铝合金激光熔覆表面改性技术

激光熔覆是一种增加工件尺寸的表面改性技术，对铝合金表面要求具有更高的耐磨、耐蚀、耐热及电气等特性或对废旧铝合金工件进行再制造时，多采用此技术解决铝合金硬度低、不耐磨等问题。

姚建华等对 ZL109 铝合金表面进行碳化钨、碳化硼、二硫化钼等的激光熔覆处理，得到了抗磨的碳化物复合层以及减摩的固体润滑剂复合表面层，使基体合金耐磨性提高 4 倍~6 倍。

Ni 和 Cr 常用作增强元素来提高铝合金表面强度，Ni-Cr-B-Si 合金熔点较低，易与铝基板之间形成冶金结合。梁工英等对 Al-Si 合金表面的等离子喷涂层进行 Ni-Cr-B-Si 激光熔覆处理，涂层组织以 Al-Ni 金属间化合物 Al_3Ni、Al_3Ni_2、$AlNi_3$ 为主。在激光熔覆层表面，有富铝的 Al_3Ni 相存在；在熔覆层内部，则有富镍的 $AlNi_3$ 相存在。一些非晶组织出现在激光熔化亚表层中，使得该区域有较高的硬度(平均 952HV)，是原等离子喷涂的 3 倍和铝合金基体的 12

倍,磨损腐蚀能力显著高于铝合金基体。Wong 等用等离子喷涂将 Ni－Cr－B－Si 和 Ni－Cr－B－Si＋WC 粉喷涂在 $AlSi_8CuMg$ 元素铝合金板上,在氩气保护下进行激光熔覆处理,熔覆层微观结构主要是 Ni－Al 金属间化合物和未熔的 WC,熔覆层硬度最高可达 1200HV。但由于 WC 的高熔点、高密度特性,以及与基体的黏结性差,在熔覆过程中大部分沉积到熔池底部,故 WC 的存在没有增加熔覆层表面硬度和耐磨性。试验结果表明:等离子喷涂 Ni－Cr－B－Si 的耐磨性比基体提高 5 倍～10 倍,激光熔覆该等离子涂层后耐磨性比基体提高了 10 倍～20 倍。Kadolkar 用 90%TiC＋10%Si 合金粉预置在 2024 基板上,预置层厚度为 150μm,经激光熔覆处理后,其表层硬度是基板的 3 倍。

外加陶瓷的激光熔覆目前存在三个问题:①陶瓷与金属基体之间润湿性差,导致结合力下降,涂层易剥落。②外加陶瓷在熔覆层中分布不均匀,造成组织性能的不均匀性。③陶瓷在应力作用下开裂,易引起熔覆层甚至金属基体产生裂纹。

近 10 年来发展了激光熔覆原位反应涂层,在某种程度上解决了上述的问题。由于陶瓷相在基体内原位生成,所以基体与陶瓷相之间界面干净,结合好,陶瓷相分布较均匀,此外自生陶瓷相一般都很细小,有利于提高材料表面性能。因此激光熔覆的新思路是促进金属基板与陶瓷颗粒在界面处的化学反应,从而形成激光反应涂层。刘文艳用 Ti 和 B 粉预置在 Al－Si 合金表面,经激光熔覆后,原位生成 TiB_2 陶瓷涂层,其硬度达 1500HV。Man 以不同混合比例的 Ti 和 SiC 为熔覆粉末,得到 TiC、TiAl、Ti_3Al、SiC 等颗粒增强钛基复合涂层,其硬度为 650HV。Yang 等以商业纯 Mo、石墨和 Si 粉进行激光熔覆处理,显微组织为 $Mo-Si_2$、Mo_5Si_3 和 SiC,其硬度最大为 1200HV。Xu 等利用 Fe、B、Ti 和 Al 粉之间的化学反应激光原位合成 TiB_2、Ti_3B_4 增强的复合材料涂层,其硬度达 265HV～908HV,耐磨性能显著提高。

12.1.5　铝合金激光表面改性技术的工业应用

铝合金激光表面改性技术可以大大提高其表面抗点蚀、缝隙腐蚀、应力腐蚀、腐蚀疲劳和耐磨损等性能,同时又保留了铝合金的优良特性,所以在许多场合是其他材料难以取代的,已大量用于许多行业。作为一种轻金属,铝合金除在航天航空广泛应用外,也受到交通、运输部门的高度重视,如铝质发动机已广泛用于出口轿车,如图 12－1 所示;全铝轿车也已问世,铝质活塞环内体阀座齿圈的激光熔覆,如图 12－2 所示;激光熔覆汽车发动机 Al－Si 合金阀座,如图 12－3 所示。

随着我国航空和汽车等工业的发展,要求广泛应用铝合金零部件的某些部

图 12-1 Al 合金发动机缸体激光熔凝硬化处理

图 12-2 药芯焊丝激光熔覆活塞环多道齿圈

图 12-3 激光熔覆的铝合金阀座

位应具有更佳的工艺性和实用性。因此铝合金激光表面改性技术的开发和应用具有巨大的潜力。尽管近年来许多研究者对铝合金激光表面改性技术进行了大量的研究,但铝合金表面改性技术成功应用于工业中的例子却很少。今后,在开发和完善该技术的同时,要寻求适合于激光表面改性技术的关键零部件,开拓该技术的应用领域,创造更大的经济效益。

12.2 镁合金激光表面改性技术

镁合金是迄今在工程中应用的最轻的金属结构材料,具有比强度和比刚度高、切削加工性好、尺寸稳定性高、吸覆性优良、电磁屏蔽性良好等优点,已应用于汽车、电子和航空航天等领域,是21世纪极具发展潜力的环保节能型材料。但由于镁是极活泼的金属,极易腐蚀和磨损,在一定程度上制约了镁合金的开发和应用。因此,对镁合金进行适当的表面处理,以提高其抗腐蚀性和耐磨性等综合性能,已成为业内人士研究的热点。

激光表面改性技术是提高镁合金表面韧性、刚度、耐磨耐蚀性和高温性能的有效方法之一。根据镁合金工件的性能要求,可分别采用激光重熔、激光合金化、激光熔覆等技术。

12.2.1 镁合金激光表面重熔改性技术

镁合金激光表面重熔处理后能提高表面的耐磨性。Majumdar 等在氩气保护下,用 CO_2 激光器分别对 MEZ(Zn 0.5%、Mn 0.1%、Zr 0.1%、Re 2%)、AZ31、AZ61 和 WE43 镁合金进行了激光表面重熔处理,当功率为 1.5kW~3kW,速度为 100mm/min~300mm/min 时得到与基体结合良好、无气孔、无裂纹、晶粒细化的改性层。其腐蚀率由 6.12mpy(基体)降为 0.133mpy,硬度较基体提高 2 倍~3 倍。后三种镁合金平均腐蚀率分别降低 30%、66% 和 87%。Guo 等对 WE43 镁合金激光重熔后其抗蚀性也得到了提高。但也有相反结果,如高亚丽等用 10kW CO_2 激光器在真空下重熔处理 AZ91HP 镁合金表面改性层,细晶强化硬度提高,耐磨性和减摩性均增加,但其表面耐蚀性有所降低,且耐蚀性随着扫描速度的降低而降低。因为在处理过程中镁的蒸发使熔凝层中 $\beta-Mg_{17}Al_{12}$ 第二相增多,增加了可形成微电流的阴阳极对数,从而导致熔凝层耐蚀性的下降。同样,Dube 等用 Nd:YAG 激光器对 AZ91D 和 AM60B 两种 Mg-Al-Zn 合金进行重熔处理后晶粒得到细化,而耐蚀性没有显著提高。可见激光表面重熔工艺参数对镁合金耐蚀性影响机理还应进一步研究。

12.2.2 镁合金激光表面合金化改性技术

镁合金激光表面合金化,使表面性能得到较大程度的改善。不同的合金粉对耐磨性和耐蚀性的改善作用不同,如 Galun 等对四种镁合金(cpMg、A180、AZ61、WE54)采用 Al、Cu、Ni 和 Si 进行合金化,其硬度可达 $250HV_{0.1}$,层深 $700\mu m \sim 1200\mu m$,合金元素含量 15% ~ 55%。四种元素相比,Cu 合金层的耐磨性最好,铝合金层的耐蚀性能最好。

SiC 和 Al_2O_3 等陶瓷材料具有高抗氧化性、高硬度、高耐蚀性、高抗压强度等特性,因此用激光技术成功地将镁合金与陶瓷材料的优异特性有机结合,得到致密、无缺陷的金属/陶瓷复合改性层,它将成为提高镁合金表面性能的又一有效措施。如 Majumdar 等分别用 Al + Mn、SiC 和 Al + Al_2O_3 合金粉对 MEZ 镁合金表面进行激光合金化处理,Al + Mn 和 Al + Al_2O_3 合金层硬度均由 35VHN(基体)提高到 350VHN,SiC 合金层提高到 270VHN。三种合金层最大硬度均在最表层,其耐蚀性显著提高。Al + Al_2O_3 合金层的磨损量较基体降低近两个数量级,而 Al + Mn 合金层的腐蚀率较基体降低了 6 倍 ~ 8 倍。

12.2.3 镁合金激光表面熔覆改性技术

镁合金激光重熔、合金化和熔覆表面改性,其耐磨和耐蚀性能都比镁合金基体有显著提高,其中激光熔覆后的耐磨损和耐蚀性要优于前两种。如 Gao Yali 等用 $5kWCO_2$ 宽带激光束在 AZ91HP 表面熔覆 Al - 33% Cu 混合粉,厚 $10\mu m \sim 13\mu m$;硬度由 78HK ~ 86HK 提高到 300HK ~ 350HK;摩擦体积减少了 85%。由于没有 α - Mg 和 β - $Mg_{17}Al_{12}$ 引起强烈的电偶腐蚀,且腐蚀表面生成了致密的 Al_2O_3 氧化膜,使腐蚀电位降低了 2 个数量级,腐蚀电压提高了 348mV。刘红宾等在 AZ91HP 镁合金表面制备了 Cu - Zr - Al 涂层,其硬度比基体提高约 9 倍,弹性模量提高了 3 倍多,耐磨性为基体的 7 倍,腐蚀率由基体的 0.997g/h 降低到 0.0773g/h,耐蚀性约为镁合金基体的 13 倍。Yue TM 等在纯镁基板上熔覆 $Zr_{65}Al_{7.5}Ni_{10}Cu_{17.5}$ 非晶涂层,层厚 1.5mm,与基体呈良好的冶金结合,其耐蚀性提高了 13 倍,腐蚀电位降低了 3 个数量级,腐蚀电位与基体相比增加了约 1120mV。

从上面三个实例得知:激光熔覆表面改性技术在镁合金表面引入高硬度、高耐蚀性和高熔点的元素,可形成表面性能优异并与基体呈冶金结合的强化耐蚀层,是提高镁合金表面性能的有效方法。

12.3 钛合金激光表面改性技术

金属 Ti 及其合金作为工程材料不过 50 多年的历史,其很高的比强度和高温性能,使其成为航空、航天等部门广泛使用的高性能材料;优良的耐腐蚀性又使其成为航海、石油、化工、医药等行业的理想材料。Ti 合金因其形状记忆功能,可用于卫星和飞船的天线、航天系统的油管密封和其他自控装置。Ti 合金的无磁性、Ti-Nb 合金的超导性、Ti-Fe、Ti-Mg 合金的储氧能力使其在高技术和尖端科学方面也发挥着重要作用。但是,Ti 合金摩擦系数高,对粘着磨损和微动磨损非常敏感,耐磨性差、高温高速摩擦易燃及抗高温抗氧化能力相对较差等缺点,严重影响了其结构的安全性和可靠性,极大地限制了它的应用。因此,进一步提高 Ti 合金的耐磨性能、抗高温氧化性能及耐腐蚀性能等表面性能就成了亟需解决的问题。传统的表面改性技术中离子注入因受离子注入能量的制约,强化层很浅;离子渗碳、渗硼和渗氮等存在着处理周期长和温度高、工件易变形等缺点;热喷涂改性层组织结构疏松,与基体的结合强度低。激光表面改性技术是在材料表面迅速施加极高的能量,使之发生物理化学变化,从而显著改变材料的表面硬度、耐磨性、耐蚀性和高温性能。目前根据 Ti 合金应用的领域和对其表面性能要求的不同,已开展或即将开展的激光表面改性技术的种类有激光表面重熔、激光表面合金化、激光表面熔覆、脉冲激光沉积、复合激光表面改性和激光制备纳米、非晶以及功能梯度改性层等技术。

12.3.1 钛合金激光表面熔凝技术

激光表面重熔处理 Ti 合金可显著提高其腐蚀性。对纯 Ti 表面进行激光熔凝后,其熔区微观结构由单相 α 组织转变成针状马氏体,随着处理参数的改变,其表面生成了不同的 Ti 的氧化物如 TiO、TiO_2 和 Ti_2O_3 等,从而增强了 Ti 合金的抗蚀性能。将试样置于 3% NaCl 溶液中浸泡 30min 后纯 Ti 表面产生点蚀现象,且点蚀以局部侵蚀的形式在各自独立的小区域内渗透相当迅速;而经激光熔凝处理的试样表面则无点蚀产生。此外,采用准分子激光对 Ti-6Al-4V 合金进行表面重熔处理后其点蚀电位由原 3.51V 提高到 5.56V,腐蚀电流由原 $9.72e^{-8}$ A 下降至 $1.34e^{-8}$ A。可见,激光表面重熔处理改变了 Ti 合金的表面组织和性能,并减少元素 Al 在 α 相中的偏析,能有效地提高 Ti 合金的抗蚀能力,是改善 Ti 合金在腐蚀环境中使用性能的有效手段之一。

12.3.2 钛合金激光表面合金化技术

Ti 合金激光表面合金化根据可添加材料的性质可分为两大类：气相和固相合金化。激光气相合金化大多采用氮气或混合气体。激光氮化是在氮气环境下（压力为 3×10^3 Pa ~ 5×10^3 Pa）利用激光照射熔化 Ti 合金基材表面，并在其表面形成组织致密、厚度为 400μm ~ 1000μm 的氮化层。M. S. F. Lima 等曾对纯 Ti 进行氮化研究，发现当光束直径为 0.7mm、扫描速度为 5mm/s、激光功率为 500W 时，氮化层的性能较好。图 12 - 4 为纯 Ti 的激光气体氮化 SEM 组织。从图中明显看到 TiN/Ti 梯度结构，而过渡区的氮化物呈针状，氮化层与基体呈冶金结合。

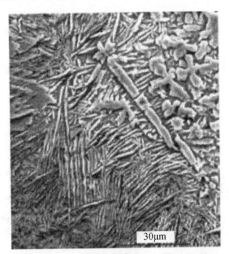

图 12 - 4 纯 Ti 激光氮化层 SEM

姚建华等研究了 TC4 钛合金激光多组元复合气体氮化的氮气含量对组织性能及其产生裂纹的影响。其结果为，在氮气含量低于 40% 的条件下，氮化层硬度均匀，无裂纹，见表 12 - 1。图 12 - 5 表明随氮含量增加，强化层硬度逐渐增大，在氮含量 40% 条件下，其表面最高硬度可达 $778HV_{0.2}$，比基材提高近 2.5 倍，硬化层深达 0.52mm。图 12 - 6 表明激光辐照时氮化层中的元素产生选择性汽化，使 Al 等元素的含量有所降低，促进了 Ti 元素和 N 元素反应生成 Ti - N 系的强化相。

表 12 - 1 不同氮气含量下氮化层表面裂纹情况

序号	1	2	3	4	5	6
氮气含量/%	100	80	60	40	20	10
裂纹率/%	2.8	2.4	1.6	0	0	0

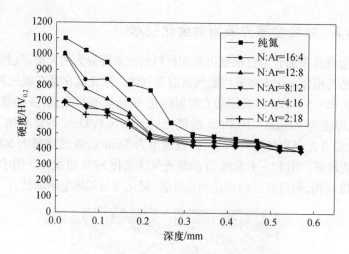

图 12-5 激光气体氮化试样表面硬度—层深曲线

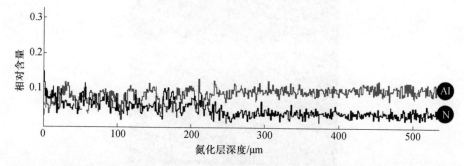

图 12-6 激光气体氮化层 Al、N 含量—层深曲线(基体为 Ti-6Al-4V)

综合国内外有关的研究结果可以得出以下结论:在其他条件相同时,随着激光功率的增加,氮化层硬度增加;激光扫描速度增加,氮化层深度减小,表面层组织中 Ti-N 化合物体积分数减小、硬度下降;增加氮气送气量,氮化层深度增加,表面层 Ti-N 化合物体积分数增加,氮化层硬度增加,但是过大的流量会带走过多的热量,反而降低氮化层的硬度和耐磨性。

激光气体氮化可大幅度提高 Ti 合金表面的抗腐蚀性能。Man H.C 等将激光氮化的纯 Ti 和 Ti-6Al-4V 合金置于 36% NaCl 溶液中进行抗点蚀试验,其氮化层较纯 Ti 及 Ti 合金的点蚀抗力提高了 12 倍。

激光气相合金化可使 Ti 及 Ti 合金获得高的表面硬度,但其表面粗糙度、表面硬度下降梯度极大。对于表面粗糙度要求高的 Ti 和 Ti 合金构件而言,粗糙的高硬度表面不利于后续加工。为此,国内外学者对 Ti 及 Ti 合金激光固相合金化进行了广泛研究。目前添加到基体表面的合金粉末成分依据合金化层组织可分为三大类。

第 1 类是与 Ti 形成硬质陶瓷相的粉末。可以加入合金元素、硬质陶瓷粉末或金属/陶瓷粉末复合材料,如 C、BN、SiC、TiC 等。

第 2 类是与 Ti 形成金属间化合物的粉末。主要加入抗氧化性能优异的合金元素 Si、Al。如加 Si 形成 Ti_5Si_3,加 Al 形成 $TiAl-Ti_3Al$。

第 3 类是形成非晶的合金化层。可以加入容易与 Ti 构成非晶的元素。

合金成分的选择主要取决于工件使用性能的要求及合金化工艺的可能性。此外,还必须考虑在激光作用下这些合金化材料在进入 Ti 合金表面时的行为及其与基体金属熔体的相互作用特征,即它们之间的溶解、形成化合物的可能性、润湿性、线膨胀系数和比热容等物理性能的匹配性,以保证得到均匀、连续、无裂纹和孔洞等缺陷的合金化层。

Y. S. Tian 等在钛合金表面分别进行了 C、N、B 激光固相合金化研究,合金化层的硬度为 $1100HV_{0.1} \sim 1300HV_{0.1}$,明显高于纯钛(约 $350HV_{0.1}$)和 Ti-6Al-4V(约 $405HV_{0.1}$),其磨损抗力是基体的 3 倍~4 倍。当采用 C-N-B 或 TiC、TiN 等合金粉末复合固相合金化后,其表层硬度可达 $1600HV_{0.1} \sim 1700HV_{0.1}$,磨损抗力高于基体 5 倍以上。其磨损表面较平整,形成的沟槽较浅,未发生粘着磨损;而基体的磨损表面粗糙,存在较深的沟槽,并呈现粘着磨损。邵德春等采用 Al+Nb 对 Ti-6Al-4V 进行固相合金化处理后,得到了 $TiAl_3+TiAl+$ 少量 Al 合金化层,在 900℃ 空气介质中氧化时能够形成致密、连续的 $\alpha-Al_2O_3$ 保护膜层,对基体起到了良好的抗氧化保护作用。

12.3.3 钛合金激光表面熔覆技术

激光熔覆是最常用的一种 Ti 合金激光表面改性技术,根据激光熔覆层获得的不同成分和性能,可分为耐磨、抗高温氧化、生物和热障熔覆层等。Ti 合金的耐磨性能相对较差,因此 Ti 合金表面激光熔覆研究主要集中在改善耐磨性上。其改性层的材料主要有 B、C、Ni、Si、B_4C、Cr_2C_3、TiC、BN、SiC、TiB、TiB_2 和 Al_2O_3 等。B. J. Kooi 等用 Ti 与 TiB_2 的混合粉末在 Ti-6Al-4V 合金表面成功制备了 TiB-Ti 复合涂层。张松等以 Ti、Cr_2C_3、混合粉末预置在 Ti-6Al-4V 合金表面,制备出原位自生 TiC 颗粒增强 Ti 基复合材料涂层,可明显改善 Ti-6Al-4V 合金表面硬度和摩擦、磨损性能。崔爱永等在 Ti-6Al-4V 合金表面熔覆(Ti+Al/Ni)+(Cr_2O_2+CeO_2)复合涂层,其显微硬度明显提高,最高可达 1150HV,平均硬度是基材的 3 倍~4 倍。姚建华等用 Ti-6Al-4V 250 目~500 目合金粉末预置在 Ti-6Al-4V 合金表面,在 N_2 气环境中制备出以针状氮化物为强化相的涂层,其显微组织如图 12-7 所示。其硬度沿截面分布均匀,平均硬度比基体提高近1倍,如图12-8所示。

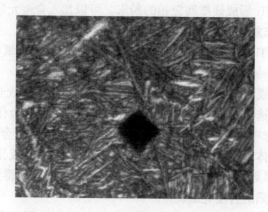

图12-7 在氮气中激光熔覆层组织形貌

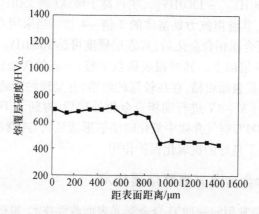

图12-8 在氮气中激光熔覆层硬度沿截面的分布

Ti合金表面激光熔覆陶瓷涂层技术的研究拓宽了陶瓷材料的应用范围。将陶瓷材料的优异性能和Ti合金的强韧性以及良好的工艺性有机结合起来,获得理想的复合材料结构,满足强度、韧性、耐磨、耐蚀和耐高温等性能的需求。王东生等用等离子喷涂法在TC4钛合金表面预置了过渡层的KF-113A合金粉和熔覆层的陶瓷粉(Al_2O_3 - 13% TiO_2 质量分数),经激光熔覆后,获得无裂纹、组织致密、高度细化、消除了片层状组织的陶瓷涂层,如图12-9所示。该涂层的硬度、耐磨性和抗冲蚀性能比Ti合金基体和等离子喷涂层均有明显的提高。

图12-10为激光熔覆热障陶瓷涂层的表面形貌。图中可见在TC4钛合金表面等离子喷涂涂层ZrO_2 - 7% Y_2O_3 (质量分数)经激光熔覆后出现紧密堆积

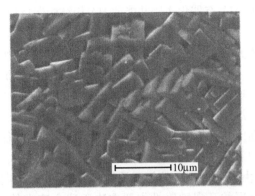

图 12-9 激光熔覆 Al_2O_3 -13%TiO_2(质量分数)陶瓷涂层表面形貌

的柱状晶结构。柱状晶定向外延生长,且垂直于基体表面,由于冷却速度快,使高温平衡相保留到室温,这样就避免了伴有体积变化的相转变,而形成了亚稳相,减少了由基体与热障涂层膨胀系数不同产生的应力。Hiraga H 等在 Ti-6Al-4V 合金基体上等离子喷涂 Ni+Ti 混合粉,并进行激光熔覆处理后,熔覆层的剪切强度是真空等离子喷涂的 6 倍以上,其抗蚀能力是基体的 40 倍。

图 12-10 激光熔覆 ZrO_2 -7%Y_2O_3(质量分数)热障陶瓷涂层表面形貌

Ti 合金具有较好的生物组织相容性和很高的比强度,是制备人工骨骼较理想的材料,但必须解决 Ti 合金与有机体结合的问题。Ferro 等以 $Ca(NO_3)_2$、$(NH_4)_2HPO_4$ 和 NH_4OH 为原材料在 Ti 合金表面进行激光熔覆,得到均匀、致密的熔覆层,其厚度为 2.7μm~2.9μm,硬度大于 18GPa~21GPa。高家诚等在 Ti 合金表面预涂一定比例的 $CaHPO_4·2H_2O$-$CaCO_3$ 混合粉及相应的过渡层并进行激光熔覆处理,获得了以 TC4 为基的含羟基磷灰石(HA)的生物陶瓷涂层,并研究了稀土元素的加入对生物陶瓷涂层组织的影响。结果表明,Y_2O_3 不仅对涂层组织有细化作用,而且对激光合成 HA 有催化作用并能使 HA 相结构保持稳定。

  Ti 合金激光表面熔覆层的裂纹、气孔一直是阻碍该技术应用的难题。熔覆层的开裂主要与激光参数、工艺处理条件、熔覆材料、基体状况 4 个方面有关。裂纹的产生原因主要是熔覆材料与基体材料在物理性能方面存在差异,加之高能密度激光束的快速加热和基体的激冷作用,使熔覆层中产生极大的热应力,当局部拉应力超过涂层材料的强度极限时,就会产生裂纹。由于熔覆层的枝晶界、气孔、夹杂处强度较低且易产生应力集中,因此,裂纹往往在这些部位产生。单道激光熔覆层的裂纹多垂直于激光扫描方向,并且裂纹大致平行分布。多道搭接激光熔覆时,由于残余应力的相互叠加,熔覆层开裂倾向更大,裂纹多呈网状分布。激光熔覆层的开裂敏感性主要取决于残余应力的大小和熔覆层的抗开裂能力(韧塑性及抗拉强度)。选择具有与基体热膨胀系数相近的熔覆材料是防止熔覆层开裂的有效途径。优化工艺参数也可以减少熔覆层中的裂纹。

  此外,气孔也是 Ti 合金激光熔覆层中经常出现的缺陷。熔覆层中的气孔是由于在激光快速熔凝的条件下,熔池中的气体来不及逸出而形成的。激光熔覆时,由于激光熔池存在的时间极其短暂,脱氧造渣过程进行得不充分,使得熔体中有氧或氧化物残留,导致高温下碳和氧发生反应,生成 CO 或 CO_2 气体。对于非自熔性合金,由于没有硼、硅元素的脱氧造渣,熔覆层中更易形成气孔。另外,在手用黏结法预置涂层材料时,如黏结剂选择不当,也可能在激光加热过程中产生气体,形成气孔。大功率宽带激光束在激光熔覆 Ti 合金技术上的应用虽然能解决一些问题,但尚不能很好地从根本上解决覆层的开裂、气孔和夹杂的问题。为此,开发研制适合 Ti 合金熔覆的材料、研究所需熔覆材料的工艺理论和预置方法是必要的。

  综上所述,为提高 Ti 合金的表面性能,激光熔覆技术有很大的发展前景。为了使该技术的研究成果尽快得到应用和推广,尚需在以下几个方面进行进一步研究。

  (1) 开发新的熔覆材料。除了硬质陶瓷材料 TiC、SiC、WC、TiN、TiB_2、复合材料 TiC/NiCrBSi、NiCrBSi/TiN、WC/Mo、WC/Co 和 WC/Ni 外,尝试其他具有优良的耐磨性和高温抗氧化性的陶瓷材料或陶瓷/金属复合材料,如氧化硅等。稀土合金有变质作用,使组织细化,添加适量稀土能改善涂层的耐磨性;此外,稀土特殊的化学性质也能提高涂层的抗氧化性。

  (2) 利用原位反应生成增强相。原位反应生成的增强相晶体完整性好,表面无污染,与基体结合良好,有助于获得性能优异的涂层,是今后激光熔覆的优选方案。

  (3) 改进激光熔覆工艺。探索梯度熔覆层技术,采用硬质相含量渐变涂覆的方法,可获得熔层内硬质相含量连续变化且无裂纹的梯度熔覆层。另外,采用在基体材料和熔覆层之间设置韧性良好的中间层的方法来缓解熔覆层中的残余应力,能获得无裂纹的熔覆层。

(4) 发展复合激光表面改性技术。在单一激光表面改性技术发展的同时,综合运用两种或多种表面改性技术的复合激光表面改性技术可以解决用单一表面改性技术难以攻克的难题。如 M. Golebiewski 等采用辉光等离子氮化加激光重熔处理在 Ti 合金基体上制备了含有 TiN 和 Ti_2N 的复合梯度涂层,使得 Ti 合金表面性能大为改善。B. S. Yilbas 等人对激光氮化处理的 Ti 合金采用 PVD 技术沉积 TiN 后发现,形成的 TiN 膜层与 Ti 基体的结合强度和剪切强度较仅采用 PVD 技术制备的膜层明显提高。

12.4 铜及铜合金激光表面改性技术

铜及铜合金化激光表面改性技术的研究较少。主要原因是铜对激光反射率高,当激光束照射在铜金属抛光的表面时,有 98%~99% 激光能量被反射,即吸收到铜金属表面的激光能量仅有 2% 左右(激光波长为 10.6μm),激光波长越长吸收越少,因此,铜材经研磨抛光到镜面粗糙度,常做为 CO_2 激光的反射镜使用。随着大功率激光器的诞生和激光表面改性技术的改进,近几年来,正逐渐开展了铜合金激光表面改性的研究。如:通过黏结、热喷涂、等离子喷涂等方法将合金粉末预置在铜基材的表面,再激光重熔,解决了反射率高的问题;另外,采用激光多层熔覆技术可以防止裂纹的出现。

徐建林等在 QA19-4 铝青铜表面激光熔覆 Ni65 合金粉,其工艺参数是 CO_2 激光功率为 4000W、光斑直径为 4mm、扫描速度为 6mm/s、氩气保护。结果表明:激光熔覆层的最高硬度达 700HV,平均硬度比 QA19-4 铜合金基体提高了近 2 倍,如图 12-11 所示。其磨损体积比降低了是基体降低 1/2,如图 12-12 所示。

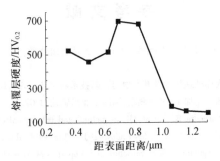

图 12-11 激光熔覆层显微硬度分布

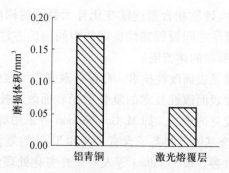

图 12-12 QA19-4 铝青铜和激光熔覆层的磨损体积比较

在冶金行业中常用的连铸结晶器多采用电工紫铜制成,它的表面质量直接影响连铸坯表面质量、连铸机拉拔速度和连铸作业率等指标。改善结晶器表面性能对提高其寿命、降低产品成本具有重要意义。目前广泛使用的铜质结晶器一般采用电镀、化学镀、电铸、复合镀、热喷涂和高温自蔓延等方法进行表面改性。郭晓琴等在紫铜表面预置工业纯铜粉、Ti 粉和 B_4C 粉,其成分配比摩尔分数为 72% Cu、14% Ti、14% B_4C,经激光熔覆处理获得厚度为 100μm、原位合成的 TiB_2/Cu 复合材料涂层,涂层与铜基体结合良好,颗粒直径为 300nm ~ 500nm,熔覆层显微硬度最高达 380HV,平均硬度约为 240HV,是基体的 3 倍 ~ 4 倍,熔覆层的耐磨性能为紫铜的 5 倍 ~ 8 倍。

综上所述,有色金属激光表面改性技术是一项有效、可行的新技术,并且是有潜在市场的高新技术。虽然目前激光表面改性技术多应用于小构件、局部表面以及表面工况极苛刻的工件上,但是随着科技进步、工程应用需求的增大、大功率多波长各类激光器的研发以及激光与材料交互作用机理的深入研究,有色金属激光表面改性技术必将得到更加广泛的应用。

参 考 文 献

[1] 姚建华,苏宝蓉,周家瑾,等.铸造铝合金(ZL109)激光表面处理[J].中国激光,1992,19(2):144-152.
[2] 姚建华.铝合金激光表面处理技术及其发展[J].新技术新工艺,1994,109(1):39-40.
[3] 左铁钏.高强铝合金的激光加工[M].北京:国防工业出版社,2002.
[4] Staia M H, Cruz M, Narendra B., et al. Microstructural and tribological characterization of an A-356 aluminum alloy superficially modified by laser alloying[J]. Thin Solid Films, 2000, 377-378:665-674.
[5] Almeida A, Petrov P, Nogueira I, et al. Structure and properties of Al-Nb alloys produced by laser surface alloying[J]. Materials Science and Engineering, 2001, 303(1-2):273-280.

[6] Dubourg L, Pelletier H, Vaissiere D, et al. Mechanical characterization of laser surface alloyed aluminum-copper systems[J]. Wear, 2002,253:1077-1085.

[7] 梁工英,李成劳,苏俊义,等.铝合金激光熔覆处理等离子涂层的显微组织[J].中国有色金属学报,1998,8(1):28-32.

[8] Wong T T, Liang G Y, He B L, et al. Wear resistance of laser-clad Ni-Cr-B-Si alloying on aluminum alloy[J]. Joural of Materials Processing Technology, 2000,100:142-146.

[9] Puja K, Narendra B D. Variation of structure with input energy during laser surface engineering of ceramic coatings on aluminum alloys[J]. Applied Surface Science, 2002, 199:222-233.

[10] 刘文艳.激光熔覆自生二硼化钛陶瓷涂层的研究[D].大连:大连理工大学,2002.

[11] Man H C, Zhang S, Cheng F T, et al. In situ synthesis of Tic reinforced surface MMC on Al6061 by laser surface alloying[J]. Scripta Materialia, 2002,46:229-234.

[12] Yang S, Chen M, Liu W J, et al. In situ formation of $MoSi_2/SiC$ composite coating on pure Al by laser cladding[J]. Materials Letters, 2003,57:3412-3416.

[13] Xu J, Liu W J, Yide K, et al. Microstructure and wear properties of laser cladding Ti-Al-Fe-B coatings on AA2024 aluminum[J]. Materials and Design, 2006,27(5):405-410.

[14] Majumdar J D, Galun R, Mordike B L, et al. Effect of laser surface melting on corrosion and wear resistance of a commercial magnesium alloy[J]. Materials Science and Engineering A, 2003,361(1-2):119-129.

[15] Guo L F, Yue T M, Man H C. Excimer laser surface treatment of magnesium alloy WE43 for corrosion resistance improvement[J]. Journal of Materials Science, 2005,40(13):3531-3533.

[16] 高亚丽,王存山,刘红宾,等. AZ91HP 镁合金真空激光熔凝的微观组织与性能[J].应用激光,2005,(3):148-150.

[17] Dube D, Fiset M, Couture A, et al. Characterization and performance of laser melted AZ91D and AM60B[J]. Materials science and Engineering A, 2001,299:38-45.

[18] Galun R, Weisheit A, Mordike B L. Laser surface alloying of magnesium laser alloys[J]. Journal of Laser Applications, 1996,(8):299-305.

[19] Majumdar J D, Maiwald T, Galun R, et al. Laser surface alloying of an Mg alloy with Al+Mn to improve corrosion resistance[J]. Laser in Engineering, 2002,12(3):147-169.

[20] Majumdar J D, Ramesh B Chandra, Galun R, et al. Laser composite surfacing of a magnesium alloy with silicon carbide[J]. Composites Science and Technology, 2003, 63(6):771-778.

[21] Majumdar J D, Ramesh B Chandra, Mordike B L, et al. Laser surface engineering of magnesium alloy with $Al+Al_2O_3$[J]. Surface & Coatings Technology, 2004,179(2-3):297-305.

[22] Gao Y L, Wang C S, Pang H, et al. Broad-beam laser cladding of Al_2O_3 alloy coating on AZ91HP magnesium alloy[J]. Applied Surface Science, 2007,253:4917-4922.

[23] 刘红宾,王存山,高亚丽,等.镁合金表面宽带激光熔覆 Cu-Zr-Al 合金涂层[J].应用激光,2005,25(5):299-302.

[24] Yue T M, Su Y P, Yang H O. Laser cladding of $Zr_{65}Al_{7.5}Ni_{10}Cu_{17.5}$ amorphous alloy on magnesium[J]. Materials Letters, 2007,61(1):209-212.

[25] 陈战乾.激光表面重熔对工业纯钛板腐蚀行为的影响[J].稀有金属快报,2004,23(4):41-41.

[26] Yue T M, Yu J K, Mei Z, et al. Excimer laser surface treatment of Ti-6Al-4V alloys for corrosion re-

sistance enhancement[J]. Materials Letters, 2002, 52(3):206 – 212.

[27] Lima M S F, Folio F, Mischler S. Microstructure and surface properties of laser-remelted Titanium nitride coating on Titanium[J]. Surface & Coating Technology, 2005, 199 (1):83 – 91.

[28] 卢芳,王维夫,姚建华. 不同氮氩气比对 TC4 合金激光气体氮化的影响[C]. 第十次全国热处理大会论文集,2011,9.

[29] Man H C, Cui Z D, Yue T M, et al. Cavitation erosion behavior of laser gas nitride Ti and Ti6Al4V alloy [J]. Materials Science and Engineering, 2003, A355 (1 – 2):167 – 173.

[30] Tian Y S, Chen C Z, Wang D Y, et al. Laser Surface alloying of pure titanium with TiN – B – Si – Ni mixed powders[J]. Applied Surface Science, 2005, 250(8):223 – 227.

[31] Tian Y S, Chen C Z, Chen L X, et al. Microstructures and wear properties of composite coatings produced by laser alloying of Ti – 6Al – 4V with graphite and silicon mixed powders[J]. Materials Letters, 2006, 60(1):109 – 113.

[32] 邵德春,李鑫,刘克勇. 激光表面合金化提高钛合金高温抗氧化性能的研究[J]. 中国激光,1997, 24(3):281 – 285.

[33] Kooi B J, Pei Y T, Th J M., et al. The evolution of microstructure in laser clad TiB – Ti composite coating[J]. Acta Materialia, 2003, 51(3):831 – 845.

[34] 张松,张春华,王茂才,等. Ti6Al4V 表面激光熔覆原位自生 TiC 颗粒增强钛基复合材料及摩擦磨损性能[J]. 金属学报,2001,37(3):315 – 320.

[35] 崔爱永,胡芳友,回丽. 钛合金表面激光熔覆(Ti + Al/Ni)/(Cr_2O_3 + CeO_2)复合涂层组织及耐磨性能[J]. 中国激光,2007,34(3):438 – 441.

[36] 王东生,田宗军,沈理达,等. 钛合金激光表面改性技术研究现状[J]. 激光与光电子学进展,2008, 45(6):24 – 32.

[37] Hiraga H, Takashi Inoue, Hirofumi Shimura, et al. Cavatation erosion mechanism of NiTi coatings made by laser plasma hybrid spraying[J]. Wear, 1999, 231(2):272 – 278.

[38] Ferro D, Barinov S M, Rau J V, et al. Calcium phosphate and fluorinated calcium phosphate coatings on Titanium deposited by Nd:YAG laser at a high fluence[J]. Biomaterials, 2005, 26(7):805 – 812.

[39] Gao J C, Zhang Y P, Wen J, et al. Laser surface coating of RE bioceranic layer on TC4[J]. Transactions of Nonferrous Metals Society of China, 2000, 10(4):477 – 480.

[40] Golebiewski M, Kruzel G, R Major, et al. Morphology of titanium nitride produced using glow discharge nitriding, laser remelting and pulsed laser deposition[J]. Materials Chemistry and Physics, 2003, 81(2 – 3):315 – 318.

[41] Yilbas B S, Shuja S Z. Laser treatment and PVD TiN coating of Ti – 6Al – 4V alloy[J]. Surface and Coatings Technology, 2000, 130(2 – 3):152 – 157.

[42] 徐建林,杨波,毕秦岭,等. 铝青铜表面激光熔覆层摩擦磨损性能的研究[J]. 润滑与密封,2008,33 (5):19 – 22.

[43] 郭晓琴,张为国,王金凤. 铜合金表面激光改性研究[J]. 铸造技术,2007,28(6):859 – 861.

13

激光安全操作与防护

随着激光表面改性技术的不断成熟,该技术在工程机械及再制造等领域中得到了广泛的推广应用。与此同时,激光束的危害也日益引起人们的重视与关注,因为目前该技术在国内外所使用的激光器多属于大功率量级(1kW~10kW甚至更高)的加工系统。充分认识激光束的潜在危害,采取适当的控制措施,确保人员和设备的安全是该技术在工业中能得以广泛应用的关键之一。

13.1 激光表面改性过程对人体的潜在危害

目前用于激光表面改性的激光器有:CO_2 激光器,波长为 10.6μm;半导体激光器,波长 0.93μm~1.44μm;YAG 激光器,波长 1.06μm;光纤激光器,波长 0.7μm~1μm 和准分子激光器,波长 193nm~351nm。输出功率在 1kW~10kW 不等。这些激光器作为产品均密封在具有屏蔽功能的全金属壳体中(只留出接线孔和出光口)。上述的激光束均是不可见光,为了更方便地调整光路和使其瞄准被处理的工件,在光路中需加可见光(He-Ne 激光器,波长为 0.6328μm)。

根据我国标准 GB/T 7247.14—2012《激光产品的安全 第 14 部分:用户

指南》中将激光产品划分为四个级别:第 1 级激光产品是无危险,第 2 级是低危险,第 3A、3B 级是中危险,第 4 级是高危险。规定第 4 级产品是辐射功率超过 0.5W 的连续或重复频率脉冲激光产品,或辐射量超过 $10J/m^2$ 的脉冲激光产品。可见激光表面改性所使用的激光产品均属第 4 级,应按照国家标准规定的要求和用户指南交给客户。由于制造时对激光发生器采取了全封闭等屏蔽措施,在工作过程中所产生的激光辐射是微量的,相当于家用电器产生的辐射量级。

如果从事激光工作的人员不按照激光使用场所和激光器操作规程进行工作,将会对人体的安全造成损害。强烈的激光辐射通常会干扰人体的生物钟,导致人体生态平衡紊乱和神经功能失调,出现头痛、乏力、困倦、激动、记忆力减退、注意力不集中、皮肤发热、脱发、心悸、心率失常和血压失常等症状。

在激光表面改性处理过程中激光对人体可能产生潜在的危害主要有四种。

13.1.1 对眼睛的危害

眼球是很精细的光能接受器,它是由不同屈光介质和光感受器组成的极灵敏的光学系统。它能将一定波长的光辐射传输到眼底,使其在视网膜上成像。眼屈光介质有很强的聚焦作用,将入射光束高度汇聚成很小的光斑,从而使视网膜单位面积内接收的光能,比入射到角膜的光能提高 10^5 倍。可见视网膜光感受器是极灵敏的光敏组织,它很容易受到激光的危害。

人眼对光辐射的透过率和吸收率与光波长密切相关,如图 13-1 所示。当波长在紫外与远红外范围内,在一定剂量光能范围时主要损伤角膜,可见光与近红外波段的激光主要损伤视网膜,超过一定剂量范围各波段激光可同时损伤角膜、晶体与视网膜,并可造成屈光介质的损伤,使人眼永久性失明。因此,在

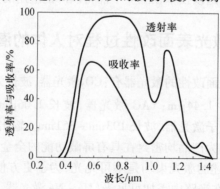

图 13-1 人眼屈光介质的透过率和视网膜吸收率与入射激光波长的关系曲线

激光表面改性处理过程中应时刻牢记,不要使激光束辐射到眼中。

13.1.2　对皮肤的危害

皮肤分为两层:最外面的是表皮;里面的是真皮。表皮中没有血管,但含有一些神经。位于表皮下层的黑色素确定了皮肤的颜色,黑色素越多,颜色越深。真皮中含有汗腺、血管、淋巴管、神经、发脂腺和脂肪细胞等。皮肤含有水,至少在遇到黑色素之前,对大多数类型的激光是透明的。黑色素是皮肤中主要的吸光体,它对可见光、近紫外和红外光的反射比(在一定条件下反射的辐射功率与入射的辐射功率之比)有明显差异,人体皮肤颜色对反射比也有很大的影响。极白肤色的皮肤反射比较高,吸收辐射能量较少;反之,黑色皮肤吸收能量较多,更易受伤害。例如,对于波长 0.69μm 的激光,白人的反射比约为 0.57,黄人约为 0.39,而黑人约为 0.36。对于波长短于 0.3μm 的紫外线或波长长于 3μm 的红外线,皮肤的反射比约为 0.05,几乎全部吸收。皮肤对于大于 3μm 波长的远红外激光的吸收发生在最表层。

在可见光(400nm~700nm)和近红外线(700nm~1060nm)波长范围的激光辐射可使皮肤出现轻度红斑,继而发展成水泡。在极短脉冲、高峰值功率激光辐射后,皮肤表面出现碳化。极强的激光辐射可以造成皮肤的色素沉着、溃疡、瘢痕形成和皮下组织的损伤。激光表面改性多数在极强激光束下进行,除在处理过程中避免激光束直接与皮肤接触外,还要避免激光的漫反射光和散射光对皮肤长时间照射带来的慢性损害。

13.1.3　电气对人体的危害

激光表面改性的设备大多数使用的电压为 1kV~100kV 不等,一般电压大于 1kV 就具有电击危险。电击持续时间能够显著影响损伤程度,在直流电超过 62mA(男)、51mA(女)或 50Hz 交流电超过 9mA(男)、6mA(女)条件下,电击持续时间较长时,可使受害人麻木、失去知觉,甚至死亡。因人体电阻的可变化性很大,所以很难确定危险电压的临界值。经验数据表明:可以认为当电流超过 0.5mA 时,42.5V 以上的电压就是危险的。

此外,因电线短路、超载或是电路旁的器材不耐高温及撞击电路某个部位均会造成电路着火。激光装置中的电容器、变压器等电路组件最有可能爆裂,并因而造成击伤、着火和短路等危害。

13.1.4　有毒气体及粉尘的危害

在激光表面改性过程中由于产生光化学反应和光热效应可能会放出有毒、

有害气体及粉尘,其浓度可能高到危害工作人员的健康和对大气造成污染。这些有毒、有害气体或尘埃是激光与工件表面相互作用的产物,尤其激光表面熔覆处理时所产生的不良产物对人体的危害更为严重,应严格采取排气和废气过滤等措施以避免对人和大气造成危害。

13.2 安全防护措施

13.2.1 激光表面改性处理系统危害的工程控制

工程控制可因激光在室内或室外使用而有所不同。但无论是室内还是室外使用,通常都需要使用后障或光闸阻挡激光束射出,保证处理环境有良好的照明和限制人员进入处理场所。

在室内设置的激光处理系统所需要的安全措施通常有房门的联锁控制,以防止未经允许的人员进入处理车间受到曝光。挡板的作用是用来终止主要光束和任何次级光束。对第4级激光设备必须配置一个联锁连接口,可由门联锁或其他遥控开关的作用而关断激光器。操作高功率激光设备的人员应当熟悉激光危害控制的方法。对通道进行限制,因为脉冲激光系统常有电击危害,通常要设有一个失效—安全防护电路来避免电容器存储电荷的事故释放和激光器的意外点燃。对第4级激光产品还应设警报系统,例如铃声警报或通过防护眼镜能看到的闪烁灯。此外还应设有防护罩、安全联锁、遥控联锁连接口、钥匙开关、激光发射警告以及应急断电开关等。应急断电开关应位于操作人员能快速接近的位置,作为应急断电开关的把手或按钮必须是红色的,安装在便于观看处。如果激光处理系统有几个操作台,则每台都应有一个应急断电开关,但照明电路不由应急断电开关控制。

激光表面改性处理系统必须根据国家标准的规定设置安全标志,标志必须在激光器的使用、维护或检修期间永久性固定。标志的字迹必须清楚,标志的位置明显可见。

国外根据激光安全等级,设置了四种安全标志:NOTICE(注意)、CAUTION(小心)、WARNING(警告)和 DANGER(危险),如图 13-2 所示。我国在 2001 年 6 月 1 日实施了《激光安全标志》国家标准。该标准对激光产品和在有激光辐射的场所中使用的激光安全标志的设计、尺寸、颜色、图形、文字说明等做了规定,如图 13-3 所示,并对标志在激光产品和激光场所中使用给予了指导。此外,标准指出,在有进口产品的使用场所,可以按国外标准执行。

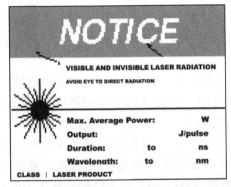
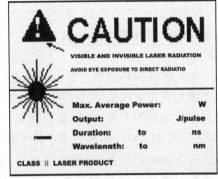
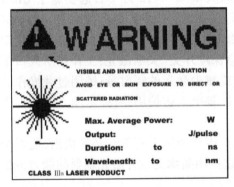
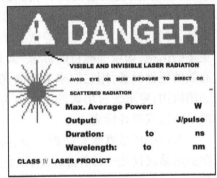

图 13-2　国外不同等级激光的警示标志

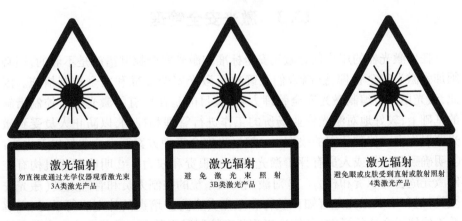

图 13-3　我国国标中激光的安全标志示例

13.2.2 个人防护

从安全考虑,最理想的激光安全控制方法是完全封闭激光处理系统。但是,由于实际生产的需要,某些处理场所对强激光辐射的封闭不完全,人员有接触意外的反射或散射激光的可能。为此,安全环境和佩戴个人防护用品是必须的。

激光的使用环境决定着激光的安全防护措施。4级激光的防护措施必须适用于激光束在室内或室外受控区域内的使用。例如,4级激光的使用者限制在受过专业培训的人员,而且要控制光束,使其不扩展到危害区域之外。国外的ANS1Z136.1(2000)标准列举了许多附加的建议,如为控制人员进入激光区域提供适当的防护设备,用光束挡板阻挡有潜在危险的激光束,在光束中或接近光束的位置使用漫反射挡光材料。我国从2000年12月1日起实施了GB/T 7247.4—2016《激光产品的安全 第4部分:激光防护层》,该标准对激光防护屏的设计、材料、品种、加工工艺等做了详细的规定。对4级激光的工作场所规定了更多的措施,如增加醒目的标志"紧急保险开关"关断激光;工作场所入口配置有效的硬件设备,用它们来关断激光或减少激光的辐射量;锁闭过载操作的自锁闭机构;要求受过培训的工作人员配备个人防护用品;标示激光正在工作的醒目图像或声音标志。

个人防护用品有激光防护眼镜、防护服和防护手套等。必须指出,使用个人防护用品仅仅是一种补充措施,因为这些用品承受意外激光辐射的能力也是有限的。

13.3 激光安全管理

任何激光器的用户仅有激光安全标准和激光安全控制措施是不够的,还必须加强激光安全管理,强制人们正确执行激光安全标准和安全控制措施。因此,激光用户应编制激光安全管理方案,其目的是在已有的激光安全控制措施的基础上,较好地对激光作业场所的工作进行管理和控制,以防止人员受到激光照射伤害和伴随危害的损伤。一般激光安全管理方案至少应包括以下内容:①明确哪些机构或人员有评价激光危害的职责和权力。②明确哪些机构有控制激光危害的职责和权力。③对激光处理系统的控制人员和管理人员(激光安全员)进行有关激光危害知识教育和激光安全防护培训的计划。④学习、理解并正确使用合适的标准(条例),以评价和控制激光危害。⑤若采取激光危害控制措施后仍然有潜在危害时,就应该使用个人防护用品。⑥激光处理的操作者或在附近的工作人员对自己的责任要有明确的认识。⑦对可疑的和实际的激光事故的处理。

综上所述,激光安全管理方案就是要明确与激光安全有关的机构和人员的职责,按照安全管理方案各司其职,从而达到较好地对激光安全的宏观与微观的控制。因此,一般编制激光安全管理方案要考虑机构的设置与职责、人员的安排与培训、制订与执行规章制度等。

参 考 文 献

[1] 冯苏英,张永艳,李波,等.激光对人眼的危害和防护[J].激光杂志,1999,20(2):2-5.
[2] 朱平.激光医疗实用技术[M].北京:电子工业出版社,1990.
[3] 曲治华,王朝清.激光对人的有害作用及防治措施[M].北京:人民卫生出版社,1985.
[4] 吴浚浩.实验室激光安全分析与探讨[J].试验科学与技术,2007,(1):80-83.
[5] 陈日升,张贵忠.激光安全等级与防护[J].辐射防护,2007,27(5):314-320.